ÉLÉMENS

DE

TRIGONOMÉTRIE,

CONTENANT

LA TRIGONOMÉTRIE RECTILIGNE, LA TRIGONOMÉTRIE SPHÉRIQUE,
ET QUELQUES APPLICATIONS A L'ALGÈBRE;

PAR

LEFEBURE DE FOURCY,

CHEVALIER DE LA LÉGION-D'HONNEUR, SUPPLÉANT A LA FACULTÉ DES SCIENCES
DE L'ACADÉMIE DE PARIS, EXAMINATEUR POUR L'ADMISSION AUX ÉCOLES
ROYALES POLYTECHNIQUE, MILITAIRE, NAVALE ET FORESTIÈRE.

TROISIÈME ÉDITION.

PARIS,

BACHELIER, LIBRAIRE DE L'ÉCOLE POLYTECHNIQUE,
QUAI DES AUGUSTINS, N° 55.

1836.

PARIS. — IMPRIMERIE DE A. BELIN,
rue Sainte-Anne , 55.

AVERTISSEMENT.

Cette nouvelle édition des Élémens de Trigonométrie diffère peu de la précédente. On y retrouve le chapitre III, dans lequel j'expose la formule de Moivre, les développemens du sinus et du cosinus en séries, la résolution des équations binomes au moyen des tables, ainsi que celle de l'équation du 3ᵉ degré.

Relativement à la formule de Moivre, j'ai dû reproduire les explications que renfermait la seconde édition, et sans lesquelles cette belle formule pourrait devenir fautive. En général, j'ai cherché à mettre les théories à l'abri de toute objection, et je crois y avoir réussi.

ERRATA

ÉLÉMENS

DE

TRIGONOMÉTRIE.

CHAPITRE PREMIER.

THÉORIE DES LIGNES TRIGONOMÉTRIQUES.

Objet de la trigonométrie. Comment on représente par des nombres les longueurs et les angles.

1. Dans un triangle quelconque, rectiligne ou sphérique, il y a six parties à considérer : trois angles et trois côtés. Pour qu'elles soient toutes déterminées, il suffit en général d'en connaître trois ; mais il faut de plus, quand le triangle est rectiligne, qu'il y ait au moins un côté parmi ces trois parties. On sait en effet qu'avec trois angles donnés on peut former une infinité de triangles rectilignes, lesquels ne sont point égaux, mais seulement semblables. Bien entendu que la somme des trois angles donnés doit être égale à deux angles droits.

La géométrie fournit des constructions fort simples pour chacun des cas où l'on peut déterminer un triangle au moyen de quelques unes de ses parties ; mais elles ont, ainsi que tous les procédés graphiques dont on pourrait s'aider, l'inconvénient de ne donner qu'une approximation très-médiocre, et souvent insuffisante, à cause de l'imperfection des instrumens dont elle exige l'emploi. Aussi a-t-on cherché à remplacer ces constructions par des calculs numériques, qui permettent toujours d'atteindre le degré de précision dont on a besoin. *L'objet spécial de la trigonométrie est de donner des méthodes pour calculer toutes les parties d'un triangle, quand on a des données suffisantes.* C'est ce qu'on appelle *résoudre* un triangle.

2. Pour exprimer les longueurs en nombre, on les rapporte à une unité usuelle, au mètre, par exemple ; et alors chaque côté est égal à un certain nombre de mètres.

3. On désigne les angles par les arcs qui leur servent de mesure. A cet effet, on divise la circonférence, quel que soit son rayon, en un certain nombre de parties égales ou *degrés* ; et alors un angle ou un arc est exprimé par un nombre de degrés.

Autrefois les géomètres s'accordaient à diviser la circonférence en 360 degrés, le degré en 60 minutes, la minute en 60 secondes, etc. De cette manière le quart de la circonférence ou *quadrant*, qui est la mesure de l'angle droit, vaut 90 degrés. Mais afin d'éviter les embarras des nombres complexes, on a proposé de soumettre aussi la mesure des angles à la division décimale ; et alors le quadrant est partagé en 100 degrés, le degré en 100 minutes, la minute en 100 secondes, etc.

Les degrés, minutes et secondes s'indiquent par les signes °, ′, ″. Ainsi, pour représenter 14 degrés 9 minutes 37 secondes, on écrit 14° 9′ 37″. Si les degrés appartiennent à la nouvelle division, et qu'on veuille rapporter cet arc au quadrant, pris pour unité, il s'exprimera par 0,140937 : car, dans cette division, les degrés sont des centièmes du quadrant, les minutes des dix millièmes, et les secondes des millionièmes. Afin de ne pas confondre le degré ancien avec le nouveau, quelques auteurs ont jugé à propos de distinguer ce dernier par le nom de *grade*.

Malgré les avantages de la nouvelle division, l'ancienne prévaut encore aujourd'hui, et c'est elle que j'adopterai. Souvent aussi, dans les formules, j'emploierai la lettre H pour représenter la demi-circonférence 180°.

Définitions des lignes trigonométriques. Usage des signes + et — pour indiquer des situations opposées.

4. Les géomètres ont dû être long-temps arrêtés par la difficulté d'établir les relations qui existent entre les angles et les côtés des triangles. Leur première idée a été sans doute de substituer aux angles les arcs qui leur servent de mesure; mais n'ayant pas trouvé plus de facilité à introduire les arcs dans le calcul, ils ont été conduits naturellement à remplacer les arcs eux-mêmes par des droites qui en dépendent de telle sorte qu'elles soient déterminées quand l'arc est connu, et réciproquement. Ces droites, dont l'utilité s'étend aujourd'hui à toutes les branches des mathématiques, sont celles qu'on nomme collectivement *lignes trigonométriques* et qu'on va définir.

Le SINUS de l'arc AM (fig. 1) est la perpendiculaire MP abaissée, d'une extrémité de l'arc, sur le diamètre qui passe par l'autre extrémité.

La TANGENTE de l'arc AM est la distance AT interceptée, sur la tangente à l'une des extrémités de l'arc, entre cette extrémité et le prolongement du rayon OM, qui passe par l'autre extrémité.

La SÉCANTE est la partie OT du rayon prolongé, comprise entre le centre et la tangente.

L'arc AM étant représenté par x, on désigne le sinus, la tangente et la sécante d'une manière abrégée comme il suit :

$$MP = \sin x, \quad AT = \tang x, \quad OT = \sec x.$$

Prolongez MP jusqu'à la rencontre N avec la circonférence : la corde MN sera double de MP, et l'arc MAN double de AM; donc *le sinus d'un arc est la moitié de la corde qui sous-tend un arc double.*

En désignant le rayon du cercle par r, le côté du carré inscrit est égal à $r\sqrt{2}$: or l'arc sous-tendu est de 90°; donc $\sin 45° = \frac{1}{2}r\sqrt{2}$. Pareillement le côté de l'hexagone inscrit étant égal à r, et l'arc sous-tendu étant de 60°, il s'ensuit que $\sin 30° = \frac{1}{2}r$.

5. On appelle *complément* d'un arc ou d'un angle ce qu'il faut lui ajouter pour avoir le quadrant 90°. Quand l'arc est plus grand que 90°, son complément est négatif : par exemple, le complément

de 127° est — 37°. Les deux angles aigus d'un triangle rectangle sont complémens l'un de l'autre.

On nomme cosinus, cotangente et cosécante d'un arc, le sinus, la tangente et la sécante du complément de cet arc; et pour désigner ces nouvelles lignes on emploie les abréviations *cos*, *cot*, *coséc*. Ainsi, d'après les définitions mêmes, on a

$$\cos x = \sin(90° - x),\ \cot x = \tan(90° - x),\ \coséc x = séc(90° - x).$$

Élevons le rayon OB perpendiculaire à OA, et menons MQ, BS, perpendiculaires à OB. L'arc BM a MQ pour sinus, BS pour tangente, OS pour sécante : or il est évident que l'arc BM est le complément de AM ; donc, en désignant toujours AM par x, on a

$$MQ = \cos x,\quad BS = \cot x,\quad OS = \coséc x.$$

Remarquez que MQ = OP : c'est-à-dire que *le cosinus est égal à la partie du rayon comprise entre le centre et le pied du sinus.*

6. La distance AP, comprise entre l'origine de l'arc et le pied du sinus, a reçu le nom de *sinus-verse*; et la distance BQ, celui de *cosinus-verse*. Ces deux lignes sont hors d'usage.

7. En donnant au point M toutes les positions possibles sur la circonférence, les lignes trigonométriques peuvent prendre des situations tout-à-fait contraires à celles qu'elles ont quand l'arc AM est moindre que 90°. Par exemple, s'il s'agit de l'arc AM', dont le complément est négatif et égal à BM', le cosinus QM' ou OP' se trouve placé à gauche du point O, tandis que d'abord il était à droite. De tels changemens dans la position des lignes amènent en général, dans le calcul, des difficultés que la question suivante, quoique très-simple, rendra sensibles.

Soit ABX (fig. 2) une ligne quelconque sur laquelle sont donnés deux points A et B, séparés par la distance AB = a. On suppose connu l'intervalle x du point B à un point quelconque M de la ligne ABX, et on veut avoir l'intervalle du point A à ce dernier point. Si on désigne par z l'intervalle demandé, il est clair qu'on aura

$$z = a + x \quad \text{ou} \quad z = a - x,$$

selon que le point M est situé du côté BX ou du côté BA : de sorte qu'il faut employer deux formules différentes pour ces deux positions du point M. Mais on élude cet inconvénient de la manière la plus heureuse, et une seule formule suffira en ayant soin de donner des signes différens aux distances qui ont des positions contraires par rapport au point B. Et en effet, si, dans la première formule $z = a + x$, on fait successivement $x = + BM$ et $x = - BM$, il vient d'abord $z = a + BM$ et ensuite $z = a - BM$, ainsi que cela doit être. De cette manière, la première formule conviendra à toutes les positions du point M, et la seconde devient inutile. On pourrait aussi prendre x positif du côté BA, et négatif du côté BX; alors ce serait la seconde formule qu'il faudrait conserver. Il serait facile de multiplier les exemples, mais ce qui précède suffit pour faire pressentir l'importance de la règle suivante, établie par DESCARTES :

Si on considère sur une ligne quelconque, droite ou courbe, différentes distances, mesurées à partir d'une origine commune, fixe sur cette ligne, on introduira dans le calcul les distances qui ont des situations opposées par rapport à l'origine, en affectant les unes du signe + ,et les autres du signe —.

Le sens des distances positives est d'ailleurs tout-à-fait indifférent ; mais une fois qu'il a été fixé, les distances négatives doivent se prendre du côté opposé. A l'égard des lignes trigonométriques, l'usage est de les considérer comme positives dans la situation qu'elles occupent lorsque l'arc est moindre que $90°$, et qui est aussi celle où elles se présentent d'abord.

On aura bientôt occasion de faire de nombreuses applications de cette règle ; mais il est bon, dès à présent, que le lecteur soit prémuni contre une erreur assez ordinaire, laquelle consiste à assimiler le principe dont il s'agit à un théorème susceptible d'être démontré *à priori*. Il s'en faut de beaucoup qu'il en soit ainsi ; et quelles que soient les considérations plus ou moins ingénieuses dont les auteurs l'aient étayé, on doit reconnaître qu'il n'est véritablement qu'une simple convention, à laquelle il faut avoir soin de ne pas contrevenir dans la suite, et dont l'utilité est rendue évidente par les applications qu'on en fait.

Marche progressive des lignes trigonométriques. Comment on les ramène au premier quadrant.

8. Quand le rayon OM (fig. 1) est couché sur OA, il est évident que l'arc AM est nul, que le sinus est nul, que la tangente est nulle, et que la sécante est égale à OA. En même temps le cosinus MQ devient aussi égal à OA : et quant à la cotangente et à la cosécante, elles sont infinies; car les lignes BS et OS augmentent à mesure qu'on rapproche OM de OA, et elles peuvent devenir aussi grandes qu'on voudra. Ainsi, en nommant r le rayon, on a

$$\sin 0 = 0, \quad \tan 0 = 0, \quad \sec 0 = r,$$
$$\cos 0 = r, \quad \cot 0 = \infty, \quad \csc 0 = \infty.$$

Si le rayon OM s'élève vers la position OB, il est facile de voir que le sinus, la tangente et la sécante augmentent, tandis que le cosinus, la cotangente et la cosécante diminuent.

Lorsque le point M est au milieu de AB, l'arc AM est de 45°, le triangle OPM est isocèle, et le sinus est égal au cosinus. Or ce triangle donne $2\overline{MP}^2 = r^2$ d'où $MP = \frac{1}{2} r \sqrt{2}$; donc

$$\sin 45° = \cos 45° = \frac{1}{2} r \sqrt{2}.$$

Les triangles OAT, OBS, étant aussi isocèles et égaux entre eux, la tangente et la cotangente sont égales au rayon; donc

$$\tan 45° = \cot 45° = r.$$

Enfin la sécante et la cosécante sont aussi égales; et le triangle OAT donnant $\overline{OT}^2 = 2r^2$ d'où $OT = r\sqrt{2}$, on conclut

$$\sec 45° = \csc 45° = r\sqrt{2}.$$

Quand le point M est venu en B, le sinus est égal à BO, la tangente et la sécante sont infinies, le cosinus MQ est nul, la cotangente BS est nulle aussi, et la cosécante OS devient égale à OB. On a donc

$$\sin 90° = r, \quad \tan 90° = \infty, \quad \sec 90° = \infty,$$
$$\cos 90° = 0, \quad \cot 90° = 0, \quad \csc 90° = r.$$

Au reste, ces valeurs sont des conséquences de celles qui ont été trouvées quand l'arc était nul : car les arcs o et 90° étant complémens l'un de l'autre, on doit avoir sin 90° = cos o, tang 90° = cot o, sec 90°=coséc o ; et *vice versâ*.

9. Le rayon OM continuant sa rotation, supposons-le arrivé en OM′; alors l'arc est AM′, et son sinus est M′P′. Menez M′M parallèle à A′A, et construisez toutes les lignes trigonométriques de l'arc AM, ainsi que l'indique la figure. D'abord il est clair que les sinus MP et M′P′ seront égaux ; donc sin AM′ = sin AM.

Pour avoir la tangente, on est obligé de prolonger le rayon OM′ au-dessous de diamètre AA′, d'où il résulte que cette tangente, qui est ici AT′, se trouve dans une position opposée à celle qu'elle avait d'abord ; par conséquent elle sera négative. Or les deux triangles égaux OAT, OAT′, donnent AT′ = AT ; donc tang AM′= — tang AM.

D'après la définition (4), la sécante de l'arc AM′ est OT′. Cette ligne n'est plus dirigée sur le rayon OM′, du même côté du centre que le point décrivant M′, mais elle est du côté opposé. Pour cette raison, elle doit être négative ; et comme d'ailleurs OT′= OT, il s'ensuit que séc AM′= — séc AM.

Le cosinus, la cotangente et la cosécante donnent lieu à des remarques analogues. Puisque l'arc AM′ surpasse 90°, son complément est négatif ; et en outre, comme le cosinus QM′ ou OP′ se trouve à gauche du point O, on prendra aussi ce cosinus négativement. Même raisonnement à l'égard de la cotangente BS′. Quant à la cosécante OS′, il n'y a pas lieu à l'affecter du signe — ; car elle est sur OM′, du même côté que le point décrivant, ainsi que cela avait lieu dans le premier quadrant. Les triangles OBS et OBS′ étant égaux, on a QM′=QM, BS′=BS, OS′=OS ; donc cos AM′= — cos AM, cot AM′= — cot AM, coséc AM′= coséc AM

On appelle *supplément* d'un arc ou d'un angle ce qu'il faut lui ajouter pour avoir 180° ; donc A′M′ ou son égal AM est le supplément de AM′, et l'on peut énoncer les propriétés trouvées plus haut en disant que *deux arcs supplémentaires ont leurs lignes trigonométriques égales et de signes contraires, à l'exception du sinus et de la cosécante, qui ne changent pas de signe.*

Si l'on veut exprimer ces propriétés par des équations, on désignera AM′ par x : on aura $AM = A'M' = 180° - x$, et ensuite on pourra écrire

$$[1] \quad \begin{cases} \sin x = \sin(180° - x), \\ \tang x = -\tang(180° - x), \\ \séc x = -\séc(180° - x). \end{cases} \quad \begin{cases} \cos x = -\cos(180° - x), \\ \cot x = -\cot(180° - x), \\ \coséc x = \coséc(180° - x). \end{cases}$$

Il est d'ailleurs évident que, de $90°$ à $180°$, le sinus, la tangente et la sécante diminuent ; et qu'au contraire, le cosinus, la cotangente et la cosécante augmentent. Quand OM coïncide avec OA′, on a

$$\sin 180° = 0, \qquad \tang 180° = 0, \qquad \séc 180° = -r.$$
$$\cos 180° = -r, \qquad \cot 180° = -\infty, \qquad \coséc 180° = \infty.$$

Toutes ces valeurs peuvent se déduire des relations [1] en faisant $x = 180°$. Par exemple, la relation $\cos x = -\cos(180° - x)$ devient $\cos 180° = -\cos 0$: or $\cos 0 = r$; donc $\cos 180° = -r$, ainsi que cela doit être.

10. Les applications de l'analyse à la géométrie conduisent fréquemment à des arcs qui renferment plusieurs demi-circonférences. Il convient donc de donner encore des formules pour réduire aussi tous ces arcs au premier quadrant. Afin d'abréger, nous considérerons spécialement le sinus et le cosinus, qui sont les lignes les plus usitées ; et comme tout arc plus grand que la demi-circonférence se compose d'un arc moindre que $180°$, augmenté d'une ou plusieurs fois $180°$, nous examinerons d'abord ce que doivent être le sinus et le cosinus de l'arc $180° + x$, x étant $< 180°$.

Soit AM l'arc désigné par x, lequel peut être pris comme on voudra entre 0 et $180°$: ajoutons à AM la demi-circonférence MA′N′, et le nouvel arc AMA′N′ sera égal à $180° + x$. Les deux arcs ont des sinus égaux ; savoir MP et N′P′, ou, ce qui est la même chose, OQ et OQ′ : mais comme ces lignes ont des positions inverses, on doit, conformément à la convention établie (7), leur donner des signes contraires. Les cosinus OP et OP′ sont aussi égaux, et doivent aussi avoir des signes différens ; donc

$$[2] \quad \sin(180° + x) = -\sin x, \qquad \cos(180° + x) = -\cos x.$$

En second lieu, ajoutons $360°$ à AM, il est clair qu'on revient au même point M de la circonférence, et que par suite toutes les lignes trigonométriques redeviennent les mêmes. Ainsi on a

$$[3] \qquad \sin(360° + x) = \sin x, \qquad \cos(360° + x) = \cos x.$$

En général, quelque grandeur qu'on suppose à l'arc x, si on lui ajoute 180° ou un nombre impair de demi-circonférences, son extrémité se trouvera transportée du sommet d'un diamètre au sommet opposé; et dès-lors il est évident que le sinus et le cosinus ne font que changer de signe. Mais si à x on ajoute 360° ou un nombre pair de demi-circonférences, comme on revient sur le même point du cercle, aucune ligne trigonométrique ne doit changer.

11. Il reste à parler des arcs négatifs, c'est-à-dire de ceux qui sont décrits lorsque le rayon, qui était d'abord couché sur OA, se meut dans le sens AB′A′, contraire à celui qu'il a suivi d'abord.

Soient AM et AN deux arcs égaux et de situation inverse, désignés par x et $-x$. Il est évident que leurs sinus MP et NP sont aussi égaux et de situation inverse. Pour avoir les cosinus, on remarque que les complémens 90° $- x$ et 90° $+ x$ sont représentés par les arcs BM et BMN, dont les sinus MQ et NQ′ sont égaux et semblablement situés; donc on a

$$[4] \qquad \sin(-x) = -\sin x, \qquad \cos(-x) = \cos x.$$

Quoique dans la figure les arcs AM et AN soient $< 90°$, ces formules n'en sont pas moins générales. D'abord il est clair qu'en augmentant les deux arcs autant qu'on voudra, pourvu qu'ils restent égaux, les sinus MP et NP ne cesseront pas d'être égaux et opposés; donc on a toujours $\sin(-x) = -\sin x$. Quant à l'autre formule, supposons qu'on y mette des arcs $> 90°$, comme ABM′ et AB′N′, par exemple; et faisons $x = $ ABM′ et $-x = -$ AB′N′. Le complément 90° $-x$ du premier arc est négatif et représenté sur la figure par l'arc BM′, situé à gauche du point B; et le complément 90° $+ x$ du second arc est égal à BAN′, et toujours à droite du point B. Or les sinus M′Q et N′Q′ de ces arcs complémentaires sont égaux, et de même situation à l'égard du diamètre BB′; donc on a toujours $\cos(-x) = \cos x$. Ainsi les formules [4] ont toute la généralité désirable.

Il est bon de remarquer que le cosinus d'un arc quelconque positif ou négatif, est toujours représenté en grandeur et en situation par la distance du centre au pied du sinus.

12. Il est bon de remarquer aussi, avant d'aller plus loin, que les formules [1], [2], [3], [4], trouvées jusqu'à présent, peuvent s'appliquer à tous les arcs possibles tant positifs que négatifs. Pour plus de brièveté je ne m'occuperai que du sinus et du cosinus.

1° Reprenons n° 9 les deux formules $\sin x = \sin (180° - x)$, $\cos x = - \cos (180° - x)$, lesquelles n'ont été démontrées que pour les arcs positifs compris entre 0 et 180°. En changeant x en $180° + x$, elles deviennent

$$\sin (180° + x) = \sin (- x), \quad \cos (180 + x) = - \cos (- x) :$$

égalités évidentes en vertu des relations [2] et [4]. Il est clair que l'arc peut encore être augmenté de 180°, et ainsi de suite jusqu'à l'infini. En mettant $- x$ au lieu de x, on voit de la même manière que les deux formules sont encore vraies : donc elles conviennent à tous les arcs possibles.

2° Les formules [2], qui ont été démontrées pour tous les arcs positifs, s'étendent aussi aux arcs négatifs. En effet, si on y change x en $- x$, elles deviennent

$$\sin (180° - x) = - \sin (- x) = \sin x,$$
$$\cos (180° - x) = - \cos (- x) = - \cos x,$$

et rentrent alors dans les formules [1].

3° Puisque l'addition de 180° à un arc quelconque $+ x$ ou $- x$ ne fait que changer les signes du sinus et du cosinus, il s'ensuit que l'addition de 360° ne doit produire aucun changement; et par conséquent les formules [3] conviennent aussi aux arcs négatifs.

4° Quant aux formules [4], il n'y a aucune démonstration à faire ; car il est évident qu'on peut y remplacer x par $- x$.

13. Rien n'est plus facile maintenant que de ramener au premier quadrant les lignes trigonométriques de tel arc qu'on voudra. Soit $x = 1029°$ un arc dont on demande le sinus. On en retranche 360° autant de fois que possible, et il reste 309° ; donc d'après les formules [3], $\sin x = \sin 309°$. On ôte encore 180° de 309°, et, par les

formules [2], on a sin $x = -$ sin 129°. Enfin on prend le supplément de 129°, qui est 51°, et il vient sin $x = -$ sin 51° (9). On peut même encore pousser la réduction plus loin, car sin 51° = cos (90° $-$ 51°) = cos 39°; donc sin $x = -$ cos 39°.

Si l'arc donné était $x = -$ 1029°, le sinus serait de signe contraire au précédent (11), et l'on aurait sin $x =$ cos 39°.

Sur les arcs qui répondent à un sinus donné, ou à un cosinus, etc.

14. Les développemens dans lesquels on vient d'entrer donnent lieu à cette remarque importante, qu'il existe une infinité d'arcs qui ont les mêmes lignes trigonométriques. Supposons qu'une de ces lignes soit donnée, et cherchons les différens arcs qui lui correspondent.

Soit donné sin $x = a$. Sur le rayon OB (fig. 1), perpendiculaire à OA, je porte OQ $= a$, et par le point Q je mène MM' parallèle à OA. Il est clair qu'on doit prendre pour valeur de x tous les arcs terminés aux points M et M'. Je désigne l'arc AM par α, et 180° par H : AM' sera égal à H $- \alpha$, et les arcs positifs terminés en M et M' seront compris dans les deux séries

$$\alpha, \quad 2H + \alpha, \quad 4H + \alpha, \quad 6H + \alpha, \quad \text{etc.}$$
$$H - \alpha, \quad 3H - \alpha, \quad 5H - \alpha, \quad 7H - \alpha, \quad \text{etc.}$$

On a AB'A'M $= 2H - \alpha$ et AB'A'M' $= H + \alpha$. Ajoutons à ces arcs un nombre quelconque de circonférences, puis prenons négativement les arcs résultans, et on aura tous les arcs négatifs qui répondent au sinus donné : savoir,

$$- 2H + \alpha, \quad - 4H + \alpha, \quad - 6H + \alpha, \quad \text{etc.}$$
$$- H - \alpha, \quad - 3H - \alpha, \quad - 5H - \alpha, \quad \text{etc.}$$

Les arcs de ces quatre séries peuvent se renfermer dans deux formules assez simples. Remarquez que dans deux de ces séries l'arc α est ajouté à tous les multiples pairs de H, tant négatifs que positifs, et que dans les deux autres il est retranché des multiples impairs de H. Désignons donc par k un nombre entier quelconque, positif ou négatif, lequel peut même être égal à zéro; et tous les arcs cherchés pourront se représenter par les formules

[1] $x = 2\,k\,\mathrm{H} + \alpha, \quad x = (2\,k + 1)\,\mathrm{H} - \alpha.$

Nous avons supposé a positif : si on avait sin $x = -a$, on devrait porter a en OQ', du côté OB'. Alors ce sont les arcs terminés en N' et N qui sont les valeurs de x. Faisons $ABN' = \alpha$, il est facile de voir qu'on a $ABN = 3\,\mathrm{H} - \alpha$, $AB'N' = 2\,\mathrm{H} - \alpha$, et $AN = \alpha - \mathrm{H}$. Par suite, les valeurs de x, tant négatives que positives, qui répondent au sinus OQ', sont

$\qquad \alpha \qquad 2\,\mathrm{H} + \alpha, \quad 4\,\mathrm{H} + \alpha,$ etc. $3\,\mathrm{H} - \alpha, \quad 5\,\mathrm{H} - \alpha, \quad 7\,\mathrm{H} - \alpha,$ etc.

$-2\,\mathrm{H} + \alpha, -4\,\mathrm{H} + \alpha, -6\,\mathrm{H} + \alpha,$ etc. $\quad \mathrm{H} - \alpha, -\mathrm{H} - \alpha, -3\,\mathrm{H} - \alpha,$ etc.

et il est clair qu'elles sont encore comprises dans les formules [1].

Dans tous les cas, si a est plus grand que le rayon r du cercle, l'arc x sera imaginaire; car le plus grand sinus positif est $+ r$, et le plus grand sinus négatif est $- r$.

15. Soit donné cos $x = a$. Si a est positif, on prend $OP = a$ du côté OA, on élève au point P la perpendiculaire MN; et les valeurs de x sont les différens arcs positifs et négatifs terminés en M et N. En faisant $AM = \alpha$, il est facile de voir que ces arcs sont ceux des quatre séries

$\qquad \alpha, \quad 2\,\mathrm{H} + \alpha, \quad 4\,\mathrm{H} + \alpha,$ etc. $\quad 2\,\mathrm{H} - \alpha, \quad 4\,\mathrm{H} - \alpha, \quad 6\,\mathrm{H} - \alpha,$ etc.

$-\alpha, -2\,\mathrm{H} - \alpha, -4\,\mathrm{H} - \alpha,$ etc. $\quad -2\,\mathrm{H} + \alpha, -4\,\mathrm{H} + \alpha, -6\,A + \alpha,$ etc.,

et en désignant par un k un nombre entier quelconque positif ou négatif, on peut comprendre tous ces arcs dans les deux formules

[2] $x = 2k\mathrm{H} + \alpha, \quad x = 2k\mathrm{H} - \alpha.$

Si on donne cos $x = -a$, on portera a du côté OA'. Alors on désignera par α l'arc AMM', et il n'y aura rien à changer à ce qui précède. Si a surpasse le rayon, l'arc x est imaginaire.

16. Soit encore tang $x = a$. Supposons a positif, prenons la tangente $AT = a$ au-dessus de OA, et menons la droite TMN' qui passe au centre et rencontre le cercle en M et N'. Les valeurs de x sont les arcs positifs ou négatifs, qui se terminent en M et N'. Faisons l'arc $AM = \alpha$:

on aura $AMN' = H + \alpha$, $AN'M = 2H - \alpha$, $AN = H - \alpha$; et les arcs cherchés seront ceux des séries

$$\alpha, \quad 2H+\alpha, \quad 4H+\alpha, \text{etc.} \quad H+\alpha, \quad 3H+\alpha, \quad 5H+\alpha, \text{etc.}$$
$$-2H+\alpha, -4H+\alpha, -6H+\alpha, \text{etc.} -H+\alpha, -3H+\alpha, -5H+\alpha, \text{etc.}$$

Dans ces quatre suites, l'arc α se trouve ajouté à tous les multiples de H, positifs et négatifs ; donc la formule générale des arcs cherchés est

[3] $$x = k H + \alpha.$$

Quand la tangente donnée a est négative, on la porte en AT', au-dessous de OA : α représente alors un arc compris entre 90° et 180°, tel que ABM'. Il est d'ailleurs évident que la tangente peut avoir telle grandeur qu'on voudra.

17. Nous n'examinons point le cas où l'arc est donné par une des autres lignes trigonométriques. Au reste, on reconnaît facilement que les arcs qui ont même sinus, ou même cosinus, ou même tangente, ont aussi même cosécante, ou même sécante, ou même cotangente ; et c'est ce qu'on verra encore plus loin (20) quand on aura établi les relations des lignes trigonométriques entre elles. Il suit de là que les formules [1], [2] et [3] sont encore celles qu'on doit avoir quand on donne coséc x, séc x, cot x.

Il ne faut pas oublier que, dans ces formules, α représente toujours le plus petit arc, entre 0 et 360°, correspondant à la ligne donnée, H la demi-circonférence, et k un nombre entier quelconque, positif ou négatif, lequel peut aussi être zéro.

Comment on ramène les sinus, cosinus, etc. à de simples rapports.

18. Dans la trigonométrie, un arc n'étant employé que comme mesure d'un angle, ce n'est pas sa grandeur absolue que l'on considère, mais seulement son rapport avec la circonférence dont il fait partie. Or, c'est précisément ce rapport qui est indiqué par le nombre de degrés de l'arc ; et il est évident qu'il suffit pour déterminer un angle, car tous les arcs compris dans un même angle et décrits de son sommet comme centre, contiennent un égal nombre de degrés, quels que soient d'ailleurs les rayons de ces arcs.

Les rapports qui existent entre les lignes trigonométriques de ces arcs et les rayons des cercles auxquels elles appartiennent, ne dépendent aussi que de ce nombre de degrés. Par exemple, la fig. 3, dans laquelle MP, M′P′, M″P″,... sont des sinus d'arcs semblables, donne $\dfrac{MP}{OP} = \dfrac{M′P′}{OP′} = \dfrac{M″P″}{OM″}$...; ce sont donc ces rapports, et non les sinus, qui sont déterminés quand on donne un angle. La même chose peut se dire des cosinus, tangentes, etc. On voit par là que ce ne sont pas les longueurs absolues des lignes trigonométriques mais bien leurs rapports au rayon qui doivent entrer dans les calculs ; et, par cette raison, il convient de n'y introduire que ces rapports. Pour cela le moyen est bien simple : il suffit de prendre pour unité le rayon du cercle dans lequel on considère les lignes trigonométriques ; car alors les valeurs numériques de ces lignes ne seront plus autre chose que ces rapports eux-mêmes. On donne quelquefois à ces rapports les noms de *sinus naturels, cosinus naturels*, etc.

C'est ainsi que les lignes trigonométriques se ramènent à ne plus être que de simples rapports, et c'est sous ce point de vue qu'il serait convenable de les présenter tout d'abord. Mais pour ne point changer les habitudes de l'enseignement, je ne ferai dans les formules fondamentales aucune hypothèse sur le rayon, et je l'y désignerai toujours par r.

19. Au reste, quand un calcul a été fait en prenant le rayon pour unité, il est toujours facile de modifier les résultats de manière qu'ils soient applicables à toute autre supposition. En effet, d'après ce qui vient d'être dit, il est clair que, dans la seconde hypothèse, les rapports des sinus, cosinus, etc. au rayon sont égaux aux sinus, cosinus, etc. de la première ; par conséquent il n'y aura qu'à changer, dans les résultats dont il s'agit, les quantités telles que sin a, tang b, etc. en $\dfrac{\sin a}{r}$, $\dfrac{\text{tang } b}{r}$, etc. Par exemple, supposons qu'on ait trouvé d'abord entre les arcs a et b la relation tang $b = \dfrac{1 - \cos a}{1 + \sin a}$: ces substitutions donneront

$$\frac{\text{tang } b}{r} = \frac{1 - \dfrac{\cos a}{r}}{1 + \dfrac{\sin a}{r}};$$

et en réduisant on aura, sans faire aucune hypothèse sur le rayon r,

$$\tan b = \frac{r\,(r - \cos a)}{r + \sin a}.$$

Surtout on doit bien se garder de croire qu'il existe une longueur absolue qui soit le rayon 1, et une autre qui soit le rayon r, de même qu'il y a des distances égales à 5 mèt., 1 mèt. etc. : le rayon reste essentiellement indéterminé. A la vérité, chaque ligne trigonométrique d'un angle donné se trouve exprimée par des nombres différens, selon l'hypothèse qu'on fait sur le rayon ; mais ces nombres ont toujours le même rapport avec celui qui représente le rayon, et c'est ce rapport seul qui entre dans les calculs.

Relations des lignes trigonométriques entre elles.

20. Les triangles de la figure 1 font connaître les relations des six lignes trigonométriques entre elles.

D'abord, le triangle OMP étant rectangle, on a

$$\overline{MP^2} + \overline{OP^2} = \overline{OM^2} ;$$

en second lieu, les triangles semblables OMP, OTA, donneront

$$AT : MP :: OA : OP, \qquad OT : OM :: OA : OP ;$$

et, en troisième lieu, les triangles OMQ, OSB, donnent aussi

$$BS : MQ :: OB : OQ, \qquad OS : OM :: OB : OQ ;$$

Faisons l'arc $AM = a$, le rayon $OM = r$, puis remplaçons les lignes par leurs désignations trigonométriques savoir : MP par $\sin a$, OP par $\cos a$, etc. Les cinq relations précédentes donneront

[1] $$\sin^2 a + \cos^2 a = r^2,$$

[2] $$\tan a = \frac{r \sin a}{\cos a}, \qquad [3] \qquad \sec a = \frac{r^2}{\cos a},$$

[4] $$\cot a = \frac{r \cos a}{\sin a}, \qquad [5] \qquad \csc a = \frac{r^2}{\sin a}.$$

L'équation [1] servira à déterminer le sinus au moyen du cosinus, et réciproquement. Si on donnait $\sin a$, on aurait

$\cos a = \pm \sqrt{r^2 - \sin^2 a}$. On obtient deux valeurs égales et de signes contraires, parce qu'à un même sinus, à OQ, par exemple, il répond deux cosinus OP et OP′, égaux et de situation opposée.

Les formules [2], [3], [4], [5], font connaître les valeurs de la tangente, sécante, etc., quand on a celles du sinus et du cosinus.

21. Pour présenter des applications, prenons la valeur sin 30° $= \frac{1}{2}r$ trouvée n° 4. Au moyen de cette valeur, il sera facile de calculer d'abord le cosinus de 30°, et ensuite la tangente, la sécante, etc. En remarquant que le complément de 30° est 60°, on forme le tableau suivant

$$\sin 30° = \cos 60° = \frac{r}{2}, \qquad \cos 30° = \sin 60° = \frac{r\sqrt{3}}{2}$$

$$\tan 30° = \cot 60° = \frac{r\sqrt{3}}{3}, \qquad \cot 30° = \tan 60° = r\sqrt{3},$$

$$\sec 30° = \csc 60° = \frac{2r\sqrt{3}}{3}, \qquad \csc 30° = \sec 60° = 2r.$$

22. Quoique déduites d'une figure, dans laquelle l'arc a est $< 90°$, les formules du n° 20 n'en sont pas moins générales. Cela serait évident si l'on ne considérait que les valeurs absolues des lignes trigonométriques ; car ces lignes forment toujours des triangles rectangles et semblables, dont on peut tirer les mêmes résultats que dans le n° cité. D'abord il est clair qu'en ayant égard aux signes des lignes, la formule [1] ne cesse pas d'avoir lieu, puisqu'elle ne contient que des carrés ; il reste donc à examiner si, par suite des autres formules, la tangente, la sécante, etc, prennent toujours des signes conformes à leurs positions.

Dans le premier quadrant, c'est-à-dire de o à 90°, le sinus et le cosinus étant positifs, les quatre formules donnent des valeurs positives, ainsi que cela doit être. Dans le second quadrant, le sinus est positif, le cosinus est négatif, et par suite les valeurs de la tangente, de la sécante et de la cotangente sont négatives, tandis que celle de la cosécante reste positive : or la figure montre qu'en effet ce sont là les signes que doivent avoir ces lignes. Dans le troisième quadrant, le sinus et le cosinus sont négatifs : donc les valeurs [2] et [4] sont positives, tandis que les valeurs [3] et [5] sont négatives ; et c'est ce qui doit avoir lieu d'après la position que prennent alors les quatre lignes.

Dans le quatrième quadrant, le sinus étant négatif, et le cosinus positif, les valeurs [2], [4], [5] sont négatives, et la valeur [3] est positive : c'est encore ce qui doit être, d'après la figure.

Au-delà de 360°, le sinus et le cosinus reprennent, pour un arc quelconque 360° + a, les mêmes grandeurs et les mêmes signes que pour l'arc a ; les quatre formules donnent donc aussi les mêmes résultats. Effectivement la tangente, la sécante, etc., doivent avoir les mêmes valeurs pour l'arc 360° + a que pour l'arc a.

Supposons les arcs négatifs. Puisque sin $-a = -$ sin a, et que cos $-a =$ cos a (11), il s'ensuit qu'en changeant le signe de l'arc, les valeurs données par les formules, pour la tangente, la cotangente et la cosécante, prennent des signes contraires sans changer de grandeur, tandis que la sécante reste tout-à-fait la même. Ces résultats sont encore conformes aux indications de la figure.

Enfin, à parler rigoureusement, on pourrait craindre que les formules ne fussent pas vraies pour les arcs 0, 90°, 180°, etc., parce qu'alors les triangles cessent d'exister. Mais il est facile de voir qu'elles donnent encore des résultats qui conviennent à ces arcs. Par exemple, si on fait $a = $ 90°, on aura sin 90° $= r$, cos 90° $= $ o ; par suite tang 90° $= \infty$, séc 90° $= \infty$, cot 90° $= $ o, coséc 90° $= r$. Ces valeurs sont en effet celles qu'on doit avoir. Remarquez que la valeur tang 90° $= \infty$ doit être prise avec le signe ambigu $\pm$; car elle est à la fois limite des tangentes positives qu'on obtient en faisant croître l'arc de o à 90°, et limite des tangentes négatives qu'on obtient en le faisant décroître de 180° à 90°. La même observation s'applique aux autres lignes trigonométriques susceptibles de devenir infinies.

Concluons maintenant que la généralité des cinq formules n'est limitée par aucune restriction.

23. Il eût suffi de démontrer la généralité des formules [2] et [3] pour en conclure celle de [4] et [5] : car celles-ci peuvent se tirer des premières en y mettant 90° $- a$ au lieu de a. En général, toutes les fois qu'une relation entre les lignes trigonométriques aura été démontrée pour toutes les valeurs possibles des arcs, il sera permis d'y remplacer ces arcs par leurs complémens, ce qui revient évidemment à changer les sinus, tangentes, sécantes, en cosinus, cotangentes, cosécantes ; et réciproquement.

24. Les cinq relations [1]....[5] peuvent servir à en trouver d'autres : nous allons faire connaître les plus remarquables.

1° En multipliant entre elles les formules [2] et [4], il vient

[6] $$\tan g\, a \times \cot a = r^2.$$

C'est-à-dire que le rayon est moyen proportionnel entre la tangente et la cotangente. Cette conséquence se déduirait immédiatement des triangles semblables OTA, OSB.

2° La formule [2] donne

$$r^2 + \tan g^2\, a = r^2 + \frac{r^2 \sin^2 a}{\cos^2 a} = \frac{r^2 (\sin^2 a + \cos^2 a)}{\cos^2 a}.$$

Or $\sin^2 a + \cos^2 a = r^2$, $\sec^2 a = \dfrac{r^4}{\cos^2 a}$; donc

[7] $$r^2 + \tan g^2\, a = \sec^2 a,$$

formule évidente dans le triangle rectangle OTA. On trouve d'une manière analogue cette autre formule

[8] $$r^2 + \cot^2 a = \csc^2 a,$$

laquelle résulte immédiatement de la précédente en mettant $90° - a$ au lieu de a.

3° Des formules [3] et [5] on tire

$$\frac{1}{\sec a} = \frac{\cos a}{r^2}, \qquad \frac{1}{\csc a} = \frac{\sin a}{r^2} :$$

par suite, en ajoutant les carrés et remarquant que $\cos^2 a + \sin^2 a = r^2$, on a

[9] $$\frac{1}{\sec^2 a} + \frac{1}{\csc^2 a} = \frac{1}{r^2}.$$

25. En général, une quelconque des six lignes trigonométriques étant donnée, les cinq relations [1], [2], [3], [4], [5] serviront à connaître les cinq autres lignes : il n'y aura pour cela qu'une simple résolution d'équations à effectuer.

Par exemple, si on veut trouver le sinus et le cosinus au moyen de la tangente, il faut prendre les équations [1] et (2), savoir :

$$\sin^2 a + \cos^2 a = r^2, \quad \tang a = \frac{r \sin a}{\cos a};$$

et en tirer les valeurs de sin a et de cos a. La seconde donne $r^2\sin^2 a = \tang^2 a \cos^2 a$; puis, au moyen de la première, on obtient facilement

$$[10] \quad \sin a = \frac{\pm r \tang a}{\sqrt{r^2 + \tang^2 a}}, \quad \cos a = \frac{\pm r^2}{\sqrt{r^2 + \tang^2 a}}.$$

Le double signe $\pm$ apprend qu'il existe deux sinus et deux cosinus, égaux et opposés, qui répondent à une même tangente; et c'est aussi ce que montre la figure. Il faut avoir bien soin de prendre les signes supérieurs ensemble, et les signes inférieurs ensemble: autrement on ne retrouverait pas $\dfrac{r \sin a}{\cos a} = \tang a$.

Formules pour trouver le sinus et le cosinus de $a + b$ et de $a - b$.

26. La question à résoudre est celle-ci: *Connaissant les sinus et les cosinus de deux arcs* a *et* b, *trouver le sinus et le cosinus de leur somme et de leur différence.*

Soient (fig. 4) les arcs AB$=a$ et BC $=$ BD $=b$: menez la corde CD et le rayon OB qui la coupe perpendiculairement en son milieu Q; menez aussi le rayon OA, ainsi que les perpendiculaires BP, CR, DS. On aura

BP $=$ sin a, OP $=$ cos a, CQ$=$sin b, OQ $=$ cos b,
AC $=a+b$, CR$=$sin $(a+b)$, OR$=$cos $(a+b)$,
AD $=a-b$, DS $=$ sin $(a-b)$, OS $=$ cos $(a-b)$.

Tirez encore QE perpendiculaire à OA, et QF, DG, parallèles à OA. Les triangles CQF, QDG seront égaux, comme ayant les angles égaux et le côté QC égal à QD; donc DG $=$ QF et GQ $=$ CF. Cela posé, on a évidemment

sin $(a+b) =$ CR $=$ FR $+$ CF $=$ QE $+$ CF,
cos $(a+b) =$ OR $=$ OE $-$ ER $=$ OE $-$ QF,
sin $(a-b) =$ DS $=$ QE $-$ QG $=$ QE $-$ CF,
cos $(a-b) =$ OS $=$ OE $+$ DG $=$ OE $+$ QF.

Le triangle OBP est semblable à OQE, à cause des parallèles BP,

QE; et il l'est aussi à CQF, à cause des côtés perpendiculaires. Par conséquent on a

$$QE : BP :: OQ : OB \quad \text{ou} \quad QE : \sin a :: \cos b : r,$$
$$OE : OP :: OQ : OB \quad \text{ou} \quad OE : \cos a :: \cos b : r,$$
$$CF : OP :: CQ : OB \quad \text{ou} \quad CF : \cos a :: \sin b : r,$$
$$QF : BP :: CQ : OB \quad \text{ou} \quad QF : \sin a :: \sin b : r.$$

De ces proportions on déduit

$$QE = \frac{\sin a \cos b}{r}, \qquad OE = \frac{\cos a \cos b}{r}.$$
$$CF = \frac{\cos a \sin b}{r}, \qquad QF = \frac{\sin a \sin b}{r};$$

et en substituant ces valeurs dans $\sin (a+b)$, etc., il vient

$$[1] \qquad \sin (a + b) = \frac{\sin a \cos b + \cos a \sin b}{r},$$

$$[2] \qquad \cos (a + b) = \frac{\cos a \cos b - \sin a \sin b}{r},$$

$$[3] \qquad \sin (a - b) = \frac{\sin a \cos b - \cos a \sin b}{r},$$

$$[4] \qquad \cos (a - b) = \frac{\cos a \cos b + \sin a \sin b}{r}.$$

27. La figure dont on s'est servi semble attacher certaines restrictions à ces formules; car elle suppose que a et b sont des arcs positifs, que la somme $a+b$ est $< 90°$, et même que a surpasse b dans les formules relatives à $a-b$. A la vérité on peut modifier facilement les constructions pour les autres cas; mais ces cas sont nombreux, et il serait peu commode de reconnaître par ce procédé si les formules sont générales. Le suivant est préférable.

1° La restriction $a > b$ peut être écartée des formules [3] et [4]. En effet, quand a est moindre que b, on sait (11) qu'on a

$$\sin (a - b) = - \sin (b - a) \quad \text{et} \quad \cos (a - b) = \cos (b - a).$$

Mais, b étant plus grand que a, on peut obtenir $\sin (b - a)$ et $\cos b - a$ par les formules [3] et [4], en y changeant a en b et b en a : or il est évident qu'alors la première change seulement de signe, tandis que la seconde reste la même ; donc ou aura encore, pour sin $(a-b)$ et cos $(a-b)$, les mêmes formules que dans le cas où a est plus grand que b. Ainsi, ces quatre formules ont lieu dans tous les cas où a et b sont positifs et font une somme $a+b<90°$; par conséquent il est permis d'y supposer à chacun de ces arcs telles valeurs qu'on voudra entre 0 et $45°$.

2° Comme les formules relatives à la différence $a-b$ peuvent se déduire de celles qui expriment sin $(a+b)$ et cos $(a+b)$, en changeant b en $-b$, il s'ensuit que les formules [1] et [2] sont vraies pour toutes les valeurs de a entre $0°$ et $45°$, et pour toutes les valeurs de b entre $-45°$ et $+45°$. Or je dis que ces mêmes formules conviennent aussi aux valeurs négatives de a, prises de 0 à $-45°$.

Supposons que α soit $<45°$, et faisons $a=-\alpha$, on aura

$$\sin(a+b) = \sin(-\alpha+b) = -\sin(\alpha-b),$$
$$\cos(a+b) = \cos(-\alpha+b) = \cos(\alpha-b).$$

Les arcs α et $-b$ sont dans les limites pour lesquelles les formules [1] et [2] sont démontrées ; donc

$$\sin(a+b) = -\sin(\alpha-b) = \frac{-\sin\alpha\cos b + \cos\alpha\sin b}{r},$$

$$\cos(a+b) = \cos(\alpha-b) = \frac{\cos\alpha\cos b + \sin\alpha\sin b}{r}.$$

Puisque $a=-\alpha$, on a (11) sin $\alpha=-\sin a$, cos $\alpha=\cos a$; et par suite ces formules reviennent aux formules [1] et [2].

3° Maintenant démontrons qu'on peut, dans les formules [1] et [2], reculer indéfiniment les limites positives et négatives de a et b. Faisons $a=90°+\alpha$, α étant un arc quelconque entre $-45°$ et $+45°$: on aura, en prenant les complémens,

$$\sin(a+b) = \sin(90°+\alpha+b) = \cos(-\alpha-b) = \cos(\alpha+b)$$
$$= \frac{\cos\alpha\cos b - \sin\alpha\sin b}{r},$$

$$\cos(a+b) = \cos(90°+\alpha+b) = \sin(-\alpha-b) = -\sin(\alpha+b)$$
$$= \frac{-\sin\alpha\cos b - \cos\alpha\sin b}{r}.$$

Mais, par des réductions connues, on a

$$\sin a = \sin (90° + \alpha) = \cos (-\alpha) = \cos \alpha ,$$
$$\cos a = \cos (90° + \alpha) = \sin (-\alpha) = -\sin \alpha ;$$

donc on peut remplacer cos α par sin a, et sin a par — cos a, ce qui ramène encore aux formules [1] et [2]. Or, en prenant α entre — 45° et + 45°, l'arc 90° + α, ou a, passe par toutes les grandeurs depuis 45° jusqu'à 135° ; donc la limite positive de a est reculée jusqu'à 135°. En répétant le même raisonnement, il est évident que cette limite peut encore être reculée de 90° ; et ainsi de suite à l'infini.

La démonstration faite plus haut (2°) quand on a prouvé que les formules [1] et [2] étant vraies pour les valeurs positives de a moindres que 45°, le sont aussi pour les mêmes valeurs prises négativement, peut évidemment s'appliquer au cas où la limite positive de a serait différente de 45°. Donc, puisqu'on vient de reconnaître qu'elles sont vraies pour toutes les valeurs positives de a, elles le sont aussi pour toutes les valeurs négatives.

Quant à l'arc b, il est évident qu'il se prête aux mêmes raisonnemens que a, et qu'on peut aussi éloigner à l'infini chacune de ses limites ; donc enfin les formules [1] et [2], et par conséquent les formules [3] et [4], sont démontrées pour toutes les valeurs des arcs a et b.

Formules pour la multiplication et la division des arcs.

28. Désormais je supposerai toujours le rayon $r = 1$, de sorte que les sinus, cosinus, etc., ne devront plus être considérés que comme de simples rapports, ainsi qu'on l'a expliqué n° 18. Par cette hypothèse, les formules des n°s 20 et 26, deviennent

$$\sin^2 a + \cos^2 a = 1 ;$$

$$\operatorname{tang} a = \frac{\sin a}{\cos a}, \quad \cot a = \frac{\cos a}{\sin a} ;$$

$$\operatorname{séc} a = \frac{1}{\cos a}, \quad \operatorname{coséc} a = \frac{1}{\sin a} ;$$

$$\sin (a \pm b) = \sin a \cos b \pm \cos a \sin b ;$$
$$\cos (a \pm b) = \cos a \cos b \mp \sin a \sin b.$$

29. Cela posé, dans les expressions de $\sin(a+b)$ et $\cos(a+b)$, faisons $b = a$, il vient

[1] $$\sin 2a = 2 \sin a \cos a \,,$$
[2] $$\cos 2a = \cos^2 a - \sin^2 a :$$

formules qui servent à calculer le sinus et le cosinus du double d'un arc ; quand on connaît le sinus et le cosinus de cet arc.

30. Soit fait $b = 2a$, les mêmes expressions donnent d'abord

$$\sin 3a = \sin a \cos 2a + \cos a \sin 2a \,,$$
$$\cos 3a = \cos a \cos 2a - \sin a \sin 2a \;;$$

puis, en remplaçant $\sin 2a$ et $\cos 2a$ par leurs valeurs, et simplifiant les résultats au moyen de la relation $\sin^2 a + \cos^2 a = 1$, on obtient

[3] $$\sin 3a = 3 \sin a - 4 \sin^3 a \,,$$
[4] $$\cos 3a = 4 \cos^3 a - 3 \cos a.$$

En continuant de la même manière on s'élèvera aux multiples $4a$, $5a$, etc. Au reste, il existe, pour la *multiplication des arcs*, des formules générales qu'on trouvera dans le chapitre III.

31. Occupons-nous maintenant des formules relatives à la *division des arcs*, et supposons d'abord qu'on veuille trouver le sinus et le cosinus de la moitié d'un arc. Changeons a en $\frac{1}{2} a$ dans les formules [1] et [2] : elles donneront

[5] $$2 \sin \tfrac{1}{2} a \cos \tfrac{1}{2} a = \sin a \,,$$
[6] $$\cos^2 \tfrac{1}{2} a - \sin^2 \tfrac{1}{2} a = \cos a;$$

et d'ailleurs on a aussi

[7] $$\cos^2 \tfrac{1}{2} a + \sin^2 \tfrac{1}{2} a = 1.$$

Si on donne $\cos a$, il n'y a qu'à résoudre les équations [6] et [7]. Or, en retranchant la première de la seconde, et ensuite en l'ajoutant, il vient facilement

[8] $$\sin \tfrac{1}{2} a = \sqrt{\frac{1 - \cos a}{2}}, \qquad \cos \tfrac{1}{2} a = \sqrt{\frac{1 + \cos a}{2}}.$$

Telles sont donc les formules qui servent à calculer $\sin \tfrac{1}{2} a$ et $\cos \tfrac{1}{2} a$

quand on connaît cos a. Sur quoi il faut observer que le radical doit être considéré comme portant avec lui le signe $\pm$.

La raison pour laquelle on obtient ainsi deux valeurs, égales et de signes opposés, pour chacune des inconnues $\sin \frac{1}{2} a$ et $\cos \frac{1}{2} a$, est facile à trouver. Remarquez d'abord que ce n'est pas l'arc a lui-même qui entre dans ces valeurs, mais seulement son cosinus ; de sorte qu'elles doivent donner en même temps le sinus et le cosinus de la moitié de tous les arcs qui ont même cosinus. D'après le n° 15, ces arcs sont fournis par la formule

$$x = 2k\mathrm{H} \pm a,$$

dans laquelle on désigne par α le plus petit arc positif correspondant au cosinus donné, par H la demi-circonférence, et par k un nombre entier quelconque. On doit donc trouver pour $\sin \frac{1}{2} a$ et $\cos \frac{1}{2} a$, les valeurs comprises dans

$$\sin \left(k\mathrm{H} \pm \tfrac{1}{2} a \right) \quad \text{et} \quad \cos \left(k\mathrm{H} \pm \tfrac{1}{2} \alpha \right).$$

Si k est pair, kH sera un multiple de 360°, on pourra le supprimer sans altérer ni le sinus ni le cosinus (10), et il viendra

$$\sin \left(\pm \tfrac{1}{2} \alpha \right) = \pm \sin \tfrac{1}{2} \alpha \quad \text{et} \quad \cos \left(\pm \tfrac{1}{2} \alpha \right) = \cos \tfrac{1}{2} \alpha.$$

Si k est impair, on supprimera encore kH ; mais il faudra changer les signes du sinus et du cosinus (10) : on aura

$$- \sin \left(\pm \tfrac{1}{2} \alpha \right) = \mp \sin \tfrac{1}{2} \alpha \quad \text{et} \quad - \cos \left(\pm \tfrac{1}{2} \alpha \right) = - \cos \tfrac{1}{2} \alpha.$$

On voit donc qu'on devait avoir en effet deux valeurs égales et de signes contraires pour $\sin \frac{1}{2} a$; et de même pour $\cos \frac{1}{2} a$.

32. Si on donnait le sinus au lieu du cosinus, il suffirait de remplacer dans les formules [8] cos a par sa valeur $\sqrt{1 - \sin^2 a}$; et comme ce nouveau radical porte aussi avec lui le double signe $\pm$, on aurait quatre valeurs pour chacune des inconnues $\sin \frac{1}{2} a$ et $\cos \frac{1}{2} a$,

Mais on peut obtenir ces valeurs sous une autre forme. Reprenons les équations [5] et [7]

$$2 \sin \tfrac{1}{2} a \cos \tfrac{1}{2} a = \sin a,$$
$$\cos^2 \tfrac{1}{2} a + \sin^2 \tfrac{1}{2} a = 1 ;$$

et tirons-en les valeurs de $\sin\frac{1}{2}a$ et $\cos\frac{1}{2}a$. En ajoutant d'abord la première à la deuxième, et en la retranchant ensuite, puis en extrayant la racine carrée, il vient

$$\cos\tfrac{1}{2}a + \sin\tfrac{1}{2}a = \sqrt{1 + \sin a},$$
$$\cos\tfrac{1}{2}a - \sin\tfrac{1}{2}a = \sqrt{1 - \sin a};$$

d'où l'on déduit facilement les valeurs cherchées,

[9] $\qquad \sin\tfrac{1}{2}a = \tfrac{1}{2}\sqrt{1 + \sin a} - \tfrac{1}{2}\sqrt{1 - \sin a},$

[10] $\qquad \cos\tfrac{1}{2}a = \tfrac{1}{2}\sqrt{1 + \sin a} + \tfrac{1}{2}\sqrt{1 - \sin a}.$

A cause des deux radicaux, chacune de ces expressions a quatre valeurs. Pour démontrer *à priori* que cela doit être ainsi, on observe qu'elles doivent donner le sinus et le cosinus de la moitié de tous les arcs qui ont le même sinus : or (14) ces arcs résultent des formules

$$x = 2k\mathrm{H} + \alpha, \quad x = (2k + 1)\,\mathrm{H} - \alpha;$$

donc les expressions de $\sin\frac{1}{2}a$ et $\cos\frac{1}{2}a$ doivent donner le sinus et le cosinus des arcs représentés par

$$k\mathrm{H} + \tfrac{1}{2}\alpha \quad \text{et} \quad (k + \tfrac{1}{2})\,\mathrm{H} - \tfrac{1}{2}\alpha.$$

Mais on peut supprimer $k\mathrm{H}$, en ayant soin de conserver ou de changer les signes du sinus et du cosinus selon que k est pair ou impair. Par conséquent on doit avoir pour $\sin\frac{1}{2}a$, et aussi pour $\cos\frac{1}{2}a$, quatre valeurs, savoir :

$$\sin\tfrac{1}{2}a = \pm\sin\tfrac{1}{2}\alpha \quad \text{et} \quad \sin\tfrac{1}{2}a = \pm\sin\left(\tfrac{1}{2}\mathrm{H} - \tfrac{1}{2}\alpha\right);$$
$$\cos\tfrac{1}{2}a = \pm\cos\tfrac{1}{2}\alpha \quad \text{et} \quad \cos\tfrac{1}{2}a = \pm\cos\left(\tfrac{1}{2}\mathrm{H} - \tfrac{1}{2}\alpha\right).$$

On voit de plus qu'elles sont égales deux à deux, et de signes contraires. Si $\alpha = 90°$, on a $\frac{1}{2}\alpha = 45°$, $\frac{1}{2}\mathrm{H} - \frac{1}{2}a = 45°$; et les quatre valeurs se réduisent à deux.

Une autre remarque se présente encore. Puisque H représente 180°, il s'ensuit que les deux arcs $\frac{1}{2}\alpha$ et $\frac{1}{2}\mathrm{H} - \frac{1}{2}a$ sont complémens l'un de l'autre, et par suite les valeurs précédentes peuvent être présentées ainsi :

$$\sin\tfrac{1}{2}a = \pm\sin\tfrac{1}{2}\alpha, \qquad \sin\tfrac{1}{2}a = \pm\cos\tfrac{1}{2}\alpha;$$
$$\cos\tfrac{1}{2}a = \pm\cos\tfrac{1}{2}\alpha, \qquad \cos\tfrac{1}{2}a = \pm\sin\tfrac{1}{2}\alpha.$$

C'est-à-dire que les valeurs de $\sin\frac{1}{2}a$ sont les mêmes que celles de $\cos\frac{1}{2}a$; et c'est ce qu'indiquent aussi les formules [9] et [10].

Il reste maintenant une difficulté à éclaircir : c'est de savoir comment, lorsqu'on connaît l'arc a et son sinus, on peut discerner celle des quatre déterminations qu'il faut choisir pour $\sin\frac{1}{2}a$ ou pour $\cos\frac{1}{2}a$: car on comprend bien qu'il ne doit y en avoir qu'une seule. Afin d'abréger, ne considérons que $\sin\frac{1}{2}a$; en prenant les radicaux avec leurs différens signes, les quatre valeurs peuvent s'écrire ainsi :

$$\sin\tfrac{1}{2}a = \pm\tfrac{1}{2}(\sqrt{1+\sin a} - \sqrt{1-\sin a}),$$
$$\sin\tfrac{1}{2}a = \pm\tfrac{1}{2}(\sqrt{1+\sin a} + \sqrt{1+\sin a}).$$

D'abord il est évident que les deux premières sont égales et de signes contraires ; et il en est de même des deux dernières. Ensuite, si on fait le carré des unes, on le trouve $<\frac{1}{2}$; tandis que celui des autres est $>\frac{1}{2}$: or, on sait (8) que $\sin^2 45° = \cos^2 45° = \frac{1}{2}$; donc, abstraction faite des signes, les deux premières valeurs sont moindres que $\sin 45°$, et les deux dernières sont plus grandes.

Mais d'un autre côté, quand un arc est donné, il est toujours facile de déterminer *à priori* si le sinus de sa moitié est positif ou négatif, et s'il doit être moindre ou plus grand que celui de $45°$. Ainsi toute indétermination cessera. Les mêmes raisonnemens s'appliquent au cosinus.

Par exemple, soit $a < 90°$; $\sin\frac{1}{2}a$ devra être positif et moindre que $\sin 45°$: donc il faudra prendre les valeurs [9] et [10] avec les signes qui y sont en évidence.

Ces formules sont, comme on le voit, appropriées aux cas des arcs moindres que $90°$. On a le même soin à l'égard de toutes les formules trigonométriques, parce que ces cas sont en effet les plus ordinaires.

33. Passons à la trisection des arcs. En changeant a en $\frac{1}{3}a$, les formules [3] et [4] du n° 30 donnent

$$\sin a = 3\sin\tfrac{1}{3}a - 4\sin^3\tfrac{1}{3}a,$$
$$\cos a = 4\cos^3\tfrac{1}{3}a - 3\cos\tfrac{1}{3}a.$$

Supposons, par exemple, qu'on donne $\cos a$ et qu'on demande cos $\frac{1}{2}a$: on posera cos $a = b$, cos $\frac{1}{3}a = z$, et la seconde équation deviendra

[11] $$z^3 - \frac{3}{4}z - \frac{1}{4}b = 0.$$

Telle est donc l'équation qu'il faut résoudre pour avoir cos $\frac{1}{3}a$. Sans entrer dans aucun détail d'algèbre, je me contenterai de montrer *à priori* que ses trois racines sont réelles.

C'est ici un cosinus qui est donné, et la formule des arcs correspondans à ce cosinus est $2k\text{H} \pm \alpha$ (15) ; donc l'équation [11] a pour racines toutes les valeurs comprises dans l'expression

$$z = \cos \frac{2k\text{H} \pm \alpha}{3}.$$

Le nombre entier k ne peut avoir qu'une des trois formes $3n$, $3n + 1$, $3n - 1$ (n étant aussi un nombre entier) : faisons donc successivement $k = 3n$, $k = 3n + 1$, $k = 3n - 1$. Il vient, en supprimant les circonférences inutiles,

$$z = \cos \frac{3n.2\text{H} \pm \alpha}{3} = \cos \left(2n\text{H} \pm \frac{\alpha}{3} \right) = \cos \left(\pm \frac{\alpha}{3} \right) = \cos \frac{\alpha}{3},$$

$$z = \cos \frac{(3n+1).2\text{H} \pm \alpha}{3} = \cos \left(2n\text{H} + \frac{2\text{H}}{3} \pm \frac{\alpha}{3} \right) = \cos \left(\frac{2\text{H}}{3} \pm \frac{\alpha}{3} \right),$$

$$z = \cos \frac{(3n-1).2\text{H} \pm \alpha}{3} = \cos \left(-\frac{2\text{H}}{3} \pm \frac{\alpha}{3} \right) = \cos \left(\frac{2\text{H}}{3} \mp \frac{\alpha}{3} \right).$$

Les deux dernières valeurs sont les mêmes que les deux précédentes ; ainsi il y a en tout trois valeurs différentes, savoir :

$$z = \cos \frac{\alpha}{3}, \qquad z = \cos \left(\frac{2\text{H}}{3} + \frac{\alpha}{3} \right), \qquad z = \cos \left(\frac{2\text{H}}{3} - \frac{\alpha}{3} \right).$$

Toutefois, il peut se faire que deux de ces valeurs soient égales entre elles : par exemple, la première est égale à la troisième quand $\alpha = \text{H}$.

Nous n'entrerons pas dans de plus longs développemens sur la division des arcs : ceux qui précèdent montrent assez la marche à suivre dans ce genre de questions.

Formules relatives aux tangentes.

34. Proposons-nous d'abord de *trouver la tangente de la somme ou de la différence de deux arcs, quand on connaît les tangentes de ces deux arcs.*

D'après la relation qui existe entre le sinus, le cosinus et la tangente (28), on a

$$\tan (a+b) = \frac{\sin (a+b)}{\cos (a+b)},$$

ou, en remplaçant $\sin (a+b)$ et $\cos (a+b)$ par leurs valeurs (28),

$$\tan (a+b) = \frac{\sin a \cos b + \cos a \sin b}{\cos a \cos b - \sin a \sin b}.$$

Pour n'avoir que des tangentes, divisons le numérateur et le dénominateur par $\cos a \cos b$, il vient

$$\tan (a+b) = \frac{\dfrac{\sin a}{\cos a} + \dfrac{\sin b}{\cos b}}{1 - \dfrac{\sin a \sin b}{\cos a \cos b}}.$$

Mais $\dfrac{\sin a}{\cos a} = \tan a$ et $\dfrac{\sin b}{\cos b} = \tan b$; donc

[1] $$\tan (a+b) = \frac{\tan a + \tan b}{1 - \tan a \tan b}.$$

On trouvera de même, pour la différence des arcs,

[2] $$\tan (a-b) = \frac{\tan a - \tan b}{1 + \tan a \tan b}.$$

35. Soit $b = a$, on aura, pour la duplication des arcs,

[3] $$\tan 2a = \frac{2 \tan a}{1 - \tan^2 a}.$$

En faisant $b = 2a$, on trouverait $\tan 3a$; et ainsi de suite.

36. Déterminons $\tan \frac{1}{2} a$ en fonction de $\tan a$. En changeant a en $\frac{1}{2} a$, la dernière formule donne l'équation

$$\frac{2 \tan \frac{1}{2} a}{1 - \tan^2 \frac{1}{2} a} = \tan a,$$

qui revient à cette équation du second degré

$$[4] \qquad \tan^2 \tfrac{1}{2} a + \frac{2}{\tan a} \tan \tfrac{1}{2} a - 1 = 0;$$

et de celle-ci on tire

$$\tan \tfrac{1}{2} a = \frac{1}{\tan a} \left(-1 \pm \sqrt{1 + \tan^2 a} \right).$$

L'équation [4] ayant pour dernier terme — 1, on est sûr, sans la résoudre, que les deux valeurs de $\tan \tfrac{1}{2} a$ ont pour produit — 1; donc, si AT et AT' (fig. 5) sont ces valeurs dans la situation qui convient à leurs signes, on doit avoir $AT \times AT' = \overline{OA}^2$; donc l'angle TOT' est droit, ou, ce qui est la même chose, l'arc MM' est égal à 90°. Il serait d'ailleurs facile de faire voir, d'après la nature même de la question, pourquoi $\tan \tfrac{1}{2} a$ a deux valeurs et n'en a que deux. Mais je laisse au lecteur cet exercice, qui ne saurait offrir aucune difficulté après tout ce qui a été dit plus haut dans des cas analogues.

37. On rencontre assez souvent les formules suivantes :

$$[5] \qquad \tan \tfrac{1}{2} a = \sqrt{\frac{1 - \cos a}{1 + \cos a}},$$

$$[6] \qquad \tan \tfrac{1}{2} a = \frac{\sin a}{1 + \cos a},$$

$$[7] \qquad \tan \tfrac{1}{2} a = \frac{1 - \cos a}{\sin a}.$$

Elles se déduisent facilement de formules déjà connues. Il est clair en effet qu'on a

$$\tan \tfrac{1}{2} a = \frac{\sin \tfrac{1}{2} a}{\cos \tfrac{1}{2} a} = \sqrt{\frac{1 - \cos a}{1 + \cos a}} \qquad (31),$$

$$\tan \tfrac{1}{2} a = \frac{\sin \tfrac{1}{2} a \cos \tfrac{1}{2} a}{\cos^2 \tfrac{1}{2} a} = \frac{\sin a}{1 + \cos a} \qquad (29, 31),$$

$$\tan \tfrac{1}{2} a = \frac{\sin^2 \tfrac{1}{2} a}{\sin \tfrac{1}{2} a \cos \tfrac{1}{2} a} = \frac{1 - \cos a}{\sin a} \qquad (29, 31).$$

De quelques autres formules fréquemment employées.

38. Les formules du nº 28 qui expriment le sinus et le cosinus de la somme $a+b$ et de la différence $a-b$ conduisent à un grand nombre de formules dont les astronomes font un usage presque continuel. Je me bornerai à rapporter ici seulement les principales.

En combinant ces formules par addition et soustraction, on en tire celles-ci :

$$2\sin a\cos b = \sin(a+b)+\sin(a-b),$$
$$2\cos a\sin b = \sin(a+b)-\sin(a-b),$$
$$2\cos a\cos b = \cos(a-b)+\cos(a+b),$$
$$2\sin a\sin b = \cos(a-b)-\cos(a+b).$$

Elles peuvent servir à transformer le produit d'un sinus par un cosinus, ou bien celui de deux cosinus entre eux, ou bien encore celui de deux sinus, en une somme ou une différence de deux lignes trigonométriques.

39. Désignons par p et q deux arcs quelconques, et faisons $a+b=p$, $a-b=q$: on aura $a=\frac{1}{2}(p+q)$, $b=\frac{1}{2}(p-q)$. En mettant ces valeurs dans les formules précédentes, et changeant l'ordre des membres, il vient :

$$\sin p+\sin q = 2\sin\tfrac{1}{2}(p+q)\cos\tfrac{1}{2}(p-q),$$
$$\sin p-\sin q = 2\cos\tfrac{1}{2}(p+q)\sin\tfrac{1}{2}(p-q),$$
$$\cos p+\cos q = 2\cos\tfrac{1}{2}(p+q)\cos\tfrac{1}{2}(p-q),$$
$$\cos q-\cos p = 2\sin\tfrac{1}{2}(p+q)\sin\tfrac{1}{2}(p-q):$$

formules qui sont d'un usage fréquent, surtout dans le calcul logarithmique, pour changer une somme ou une différence en un produit.

40. Enfin, par la division, et en observant en général que

$$\frac{\sin A}{\cos A} = \operatorname{tang} A = \frac{1}{\cot A},$$

les dernières formules donnent les suivantes, qui sont d'un usage non moins fréquent :

$$\frac{\sin p + \sin q}{\sin p - \sin q} = \frac{\sin \frac{1}{2}(p+q)\cos \frac{1}{2}(p-q)}{\cos \frac{1}{2}(p+q)\sin \frac{1}{2}(p-q)} = \frac{\tan \frac{1}{2}(p+q)}{\tan \frac{1}{2}(p-q)},$$

$$\frac{\sin p + \sin q}{\cos p + \cos q} = \frac{\sin \frac{1}{2}(p+q)}{\cos \frac{1}{2}(p+q)} = \tan \frac{1}{2}(p+q),$$

$$\frac{\sin p + \sin q}{\cos q - \cos p} = \frac{\cos \frac{1}{2}(p-q)}{\sin \frac{1}{2}(p-q)} = \cot \frac{1}{2}(p-q),$$

$$\frac{\sin p - \sin q}{\cos p + \cos q} = \frac{\sin \frac{1}{2}(p-q)}{\cos \frac{1}{2}(p-q)} = \tan \frac{1}{2}(p-q),$$

$$\frac{\sin p - \sin q}{\cos q - \cos p} = \frac{\cos \frac{1}{2}(p+q)}{\sin \frac{1}{2}(p+q)} = \cot \frac{1}{2}(p+q),$$

$$\frac{\cos p + \cos q}{\cos q - \cos p} = \frac{\cos \frac{1}{2}(p+q)\cos \frac{1}{2}(p-q)}{\sin \frac{1}{2}(p+q)\sin \frac{1}{2}(p-q)} = \frac{\cot \frac{1}{2}(p+q)}{\tan \frac{1}{2}(p-q)}.$$

Parmi ces formules je remarquerai particulièrement la première, qu'on peut énoncer en ces termes : *la somme des sinus de deux arcs est à la différence de ces mêmes sinus, comme la tangente de la demi-somme des arcs est à la tangente de leur demi-différence.*

41. En étudiant les auteurs, on rencontre quelquefois des transformations trigonométriques dont on n'aperçoit pas l'origine. Le mieux est alors de se borner à les vérifier, ce qui ne peut jamais offrir de difficulté.

Par exemple, pour vérifier la relation

$$\sin(a+b)\sin(a-b) = \sin^2 a - \sin^2 b,$$

je remplacerai d'abord $\sin(a+b)$ et $\sin(a-b)$ par leurs valeurs (28), et j'aurai

$$\sin(a+b)\sin(a-b) = \sin^2 a \cos^2 b - \cos^2 a \sin^2 b;$$

puis à la place de $\cos^2 a$ et $\cos^2 b$, je substituerai encore $1-\sin^2 a$ et $1-\sin^2 b$. Après que les réductions auront été effectuées, on trouvera l'égalité proposée.

S'il s'agissait de cette autre relation

$$\cos a = \frac{1 - \tan^2 \frac{1}{2}a}{1 + \tan^2 \frac{1}{2}a},$$

je mettrais pour $\tan \frac{1}{2} a$ sa valeur $\dfrac{\sin \frac{1}{2} a}{\cos \frac{1}{2} a}$; et le second membre deviendrait

$$\frac{\cos^2 \frac{1}{2} a - \sin^2 \frac{1}{2} a}{\cos^2 \frac{1}{2} a + \sin^2 \frac{1}{2} a} :$$

or, on sait (n°s 20 et 29) que $\cos^2 \frac{1}{2} a + \sin^2 \frac{1}{2} a = 1$, et que $\cos^2 \frac{1}{2} a - \sin^2 \frac{1}{2} a = \cos a$; par conséquent l'expression précédente se réduit à $\cos a$, et c'est ce qu'il fallait démontrer.

Voici encore plusieurs transformations que je propose comme exercices :

$$\cos (a+b) \cos (a-b) = \cos^2 a - \sin^2 b ,$$

$$\tan (45° + a) = \frac{1 + \tan a}{1 - \tan a},$$

$$\cos a = \frac{1}{1 + \tan a \tan \frac{1}{2} a},$$

$$\tan a + \tan b = \frac{\sin (a+b)}{\cos a \cos b},$$

$$\tan a + \tan b + \tan c = \tan a \tan b \tan c.$$

La dernière formule suppose que $a + b + c = 180°$, et elle prouve qu'on peut *choisir d'une infinité de manières trois quantités telles que leur somme soit égale à leur produit.*

Démonstrations géométriques des formules trouvées précédemment.

42. Le lecteur a sans doute remarqué qu'après avoir établi au moyen de la géométrie les formules du sinus et du cosinus des arcs $a+b$ et $a-b$, j'ai employé le calcul algébrique pour déduire toutes les autres. De là résulte que, les premières ayant été démontrées vraies pour tous les arcs possibles, les dernières ne peuvent manquer d'avoir le même degré de généralité ; et c'est là le caractère essentiel des méthodes analytiques. Au contraire, en se servant des constructions géométriques, il y a toujours lieu de craindre que les conséquences ne conviennent qu'aux seuls cas représentés dans les figures : cependant, comme elles ont l'avantage de rendre la vérité plus sensible, je vais démontrer par cette voie les principaux résultats obtenus précédemment.

43 *Le sinus et le cosinus d'un arc étant donnés, trouver le sinus et le cosinus de l'arc double.*

Soit (fig. 6) l'arc $AB = BC = a$, et faisons les constructions telles que les indique la figure : on a

$$\sin a = AP, \quad \cos a = OP, \quad \sin 2a = CQ = 2\,PH,$$
$$\cos 2a = OQ = OH - QH = OH - AH.$$

Le triangle rectangle OPA donne

$$PH = \frac{AP \times OP}{OA}, \quad OH = \frac{\overline{OP^2}}{OA}, \quad AH = \frac{\overline{AP^2}}{OA};$$

par conséquent, en remplaçant les différentes lignes par leurs désignations trigonométriques, et faisant le rayon $OA = 1$, il vient

$$\sin 2a = 2\,PH = 2\sin a \cos a,$$
$$\cos 2a = OH - AH = \cos^2 a - \sin^2 a.$$

Ce sont les formules [1] et [2] du n° 29.

44. *Étant donné* $\cos a$, *trouver* $\sin \frac{1}{2}a$ *et* $\cos \frac{1}{2}a$.

Prenez l'arc $AC = a$ (fig. 7), menez CP perpendiculaire au diamètre AB, puis tirez les cordes AC et BC, ainsi que les deux rayons OD et OE qui les coupent perpendiculairement en leurs milieux. En supposant toujours $OA = 1$, on aura $OP = \cos a$, $AP = 1 - \cos a$, $BP = 1 + \cos a$, $AC = 2\sin \frac{1}{2}a$, $BC = 2\cos \frac{1}{2}a$. Or, chacune des cordes est moyenne proportionnelle entre le diamètre et le segment adjacent ; donc

$$\overline{AC^2} = AB \times AP \quad \text{ou} \quad 4\sin^2 \tfrac{1}{2}a = 2(1 - \cos a),$$
$$\overline{BC^2} = AB \times BP \quad \text{ou} \quad 4\cos^2 \tfrac{1}{2}a = 2(1 + \cos a).$$

De là on tire les formules connues (31)

$$\sin \tfrac{1}{2}a = \sqrt{\frac{1 - \cos a}{2}}, \quad \cos \tfrac{1}{2}a = \sqrt{\frac{1 + \cos a}{2}}.$$

45. *Le sinus et le cosinus d'un arc étant donnés, trouver le sinus et le cosinus de l'arc triple.*

Considérons la figure 8, dans laquelle le rayon $OB = 1$ et l'arc $AB = BC = CD = a$. Le triangle isoscèle BOD est semblable à BDF : car l'angle OBD est commun, et l'angle BDF, qui a pour mesure $\frac{1}{2}BE$ ou BD, est égal a BOD. On a donc

$$BF : BD :: BD : OB \quad \text{d'où} \quad BF = 4\sin^2 a.$$

Menez PG parallèle à BF : on a PG $=$ BF $= 4 \sin^2 a$, et les triangles semblables QGP, OBP, donnent

$$QG:BP::PG:OB \quad \text{d'où} \quad QG = 4 \sin^3 a,$$
$$PQ:OP::PG:OB \quad \text{d'où} \quad PQ = 4 \sin^2 a \cos a.$$

Mais on a

$$\sin 3a = DQ = DF + FG - QG$$
$$\qquad = BD + BP - QG = 3 \sin a - QG,$$
$$\cos 3a = OQ = OP - PQ = \cos a - PQ ;$$

donc, en substituant les valeurs qui viennent d'être trouvées pour QG et PQ, il viendra

$$\sin 3a = 3 \sin a - 4 \sin^3 a,$$
$$\cos 3a = \cos a - 4 \sin^2 a \cos a.$$

La première de ces deux expressions n'est autre que la formule [3] du n° 3o ; et, en remplaçant $\sin^2 a$ par $1 - \cos^2 a$, la seconde devient la formule [4].

46. *Etant données les tangentes de deux arcs, trouver la tangente de leur somme et celle de leur différence.*

Soient (fig. 9) OA $= 1$, AB $= a$, BC $= b$: aux extrémités des rayons OA et OB je mène les tangentes AT et BS que je termine comme l'indique la figure, et j'abaisse SH perpendiculaire sur OA. Par l'énoncé on donne BR $=$ tang a, BS $=$ tang b ; et il faut chercher AT $=$ tang $(a+b)$.

A cause des triangles semblables OAT, OHS, on a

$$\frac{AT}{OA} = \frac{SH}{OH} \quad \text{d'où} \quad \text{tang} \, (a+b) = \frac{SH}{OH}.$$

On déduit SH des triangles semblables SHR et OBR, lesquels donnent

$$\frac{SH}{SR} = \frac{OB}{OR} \quad \text{d'où} \quad SH = \frac{\text{tang} \, a + \text{tang} \, b}{OR}.$$

Pour trouver OH, on observera que, d'après un théorème connu, l'on a

$$\overline{SR}^2 = \overline{OR}^2 + \overline{OS}^2 - 2OR \times OH.$$

Mais

$$\overline{SR}^2 = (BR + BS)^2 = \overline{BR}^2 + \overline{BS}^2 + 2BR \times BS ;$$

donc

$$\overline{BR}^2 + \overline{BS}^2 + 2BR \times BS = \overline{OR}^2 + \overline{OS}^2 - 2OR \times OH.$$

De là on tire

$$2OR \times OH = \overline{OR}^2 - \overline{BR}^2 + \overline{OS}^2 - \overline{BS}^2 - 2BR \times BS$$
$$= 2\overline{OB}^2 - 2BR \times BS = 2 - 2\tang a \tang b \, ;$$

par conséquent

$$OH = \frac{1 - \tang a \tang b}{OR}.$$

Si on remplace, dans tang $(a+b)$, SH et OH par leurs valeurs, on trouve la formule connue (34)

$$\tang (a+b) = \frac{\tang a + \tang b}{1 - \tang a \ \tang b}.$$

On obtient avec la même facilité la valeur de tang $(a-b)$. Il faut alors employer la fig. 10, dans laquelle l'arc AC $= a-b$; et l'on voit sur-le-champ que les mêmes calculs ont encore lieu dans ce cas. Seulement il arrive que, RS étant égal à tang $a -$ tang b, le second terme des numérateurs de SH et de OH change de signe : de sorte qu'on a

$$\tang (a-b) = \frac{\tang a - \tang b}{1 + \tang a \tang b}.$$

47. *Démontrer par la géométrie les formules*

$$\sin p + \sin q = 2 \sin \tfrac{1}{2} (p+q) \cos \tfrac{1}{2} (p-q),$$
$$\sin p - \sin q = 2 \cos \tfrac{1}{2} (p+q) \sin \tfrac{1}{2} (p-q).$$

Ayant pris (fig, 11) AB $= p$ et AC $= q$, tirez la corde BC et le rayon OD qui la coupe perpendiculairement en son milieu E ; abaissez sur OA les perpendiculaires BP, CQ, DR, EF ; puis menez EG parallèle à OA. D'après la construction même, on a

$$BP = \sin p, \quad CQ = \sin q, \quad EF = \frac{\sin p + \sin q}{2}, \quad BG = \frac{\sin p - \sin q}{2},$$
$$AD = \tfrac{1}{2} (p+q), \quad DR = \sin \tfrac{1}{2} (p+q), \quad OR = \cos \tfrac{1}{2} (p+q),$$
$$BD = \tfrac{1}{2} (p-q), \quad BE = \sin \tfrac{1}{2} (p-q), \quad OE = \cos \tfrac{1}{2} (p-q).$$

Mais les triangles semblables OEF, ODR, donnent

$$EF : DR :: OE : OD \quad \text{et} \quad BG : OR :: BE : OD,$$

d'où
$$EF = \frac{DR \times OE}{OD} \quad \text{et} \quad BG = \frac{OR \times BE}{OD}.$$

En remplaçant les différentes lignes par leurs valeurs, doublant ces expressions, et faisant le rayon $OD = 1$, on obtient les formules dont il s'agit.

Les mêmes triangles donnent aussi les valeurs de $\cos p + \cos q$ et de $\cos q - \cos p$.

48. *Démontrer géométriquement que la somme des sinus de deux arcs est à la différence de ces sinus, comme la tangente de la demi-somme des deux arcs est à la tangente de leur demi-différence.*

Faites (fig. 11) la même contsruction que précédemment; de plus, menez au point D la tangente ST que vous terminerez en S et en T sur les rayons prolongés OA et OB; prolongez aussi BC jusqu'en H. Cela posé, à cause des parallèles, on a

$$\frac{EF}{BG} = \frac{EH}{EB} = \frac{DS}{DT}.$$

Mais on a $2EF = \sin p + \sin q$, $2BG = \sin p - \sin q$, $DS = \tang DA = \tang \frac{1}{2}(p+q)$, $DT = \tang DB = \tang \frac{1}{2}(p-q)$; par conséquent

$$\frac{\sin p + \sin q}{\sin p - \sin q} = \frac{\tang \frac{1}{2}(p+q)}{\tang \frac{1}{2}(p-q)}:$$

c'est ce qu'il faut démontrer.

CHAPITRE II.

TABLES TRIGONOMÉTRIQUES ET RÉSOLUTION DES TRIANGLES.

Construction des Tables trigonométriques.

49. Pour qu'il y ait une véritable utilité à remplacer les angles et les arcs par les sinus, cosinus, etc., il faut, quand l'arc est donné, qu'on puisse connaître les nombres qui expriment ces rapports, et réciproquement. Or, le meilleur moyen d'atteindre ce but est de former des tables dans lesquelles ces nombres se trouvent écrits à côté des arcs auxquels ils correspondent. En conséquence, je vais enseigner à calculer les sinus, cosinus, etc., pour tous les arcs de 10″ en 10″, dans la division ancienne. Cette loi est celle suivant laquelle les arcs se succèdent dans les Tables de CALLET. Je ne parle pas de la nouvelle division; si on l'adoptait, la marche qui va être tracée serait encore applicable.

Cherchons d'abord le sinus de 10″. A cet effet rappelons que le rapport de la circonférence au diamètre est

$$\pi = 3,14159\ 26535\ 89793\ \dots$$

Quand le rayon est pris pour unité, la demi-circonférence est donc égale à π; et comme il y a 648000 secondes dans 180°, on aura, en parties du rayon,

$$[1] \qquad \text{arc } 10'' = \frac{\pi}{64800} = 0,00004\ 84813\ 68110\ \dots$$

Or, un très-petit arc étant à fort peu près égal à son sinus, le nombre ci-dessus peut être regardé comme une valeur très-approchée de sin 10″. Mais ceci demande quelques développemens.

50. D'abord je vais démontrer que *dans le premier quadrant un arc est plus grand que son sinus et moindre que sa tangente.*

Soient (fig. 12) AP le sinus de l'arc AB, et AT la tangente : pliez la figure autour de OT, et supposez que le point A vienne en C. On aura arc AC $>$ corde AC, et par suite arc AB $>$ AP ; donc l'arc est plus grand que le sinus. On a aussi arc AC $<$ AT $+$ CT ; donc AB $<$ AT ; donc l'arc est moindre que la tangente.

De là il suit que si $\dfrac{\tang a}{\sin a}$ diffère très-peu de 1, le rapport $\dfrac{a}{\sin a}$ en différera moins encore.

51. En second lieu, je dis que *si l'on fait décroître un arc jusqu'à zéro, le rapport de cet arc à son sinus peut devenir aussi peu différent qu'on voudra de l'unité : c'est-à-dire que ce rapport a pour limite l'unité.*

La formule $\tang a = \dfrac{\sin a}{\cos a}$ (28) donne $\dfrac{\tang a}{\sin a} = \dfrac{1}{\cos a}$. Or, en diminuant l'arc a (qui est supposé $< 90°$), le cosinus augmente et peut approcher autant qu'on veut de l'unité ; donc le rapport $\dfrac{1}{\cos a}$, ou son égal $\dfrac{\tang a}{\sin a}$, va en diminuant et a pour limite l'unité.

L'arc étant plus grand que le sinus et moindre que la tangente, le rapport $\dfrac{a}{\sin a}$, ne peut jamais être ni < 1 ni $> \dfrac{\tang a}{\sin a}$; donc puisque ce dernier rapport peut approcher autant qu'on veut de l'unité, il en sera de même du premier. C'est ce qu'il fallait démontrer, et c'est pourquoi l'on prend la valeur de l'arc de 10″ pour celle de sin 10″.

52. Il faut maintenant déterminer le degré d'approximation, afin de rejeter les décimales inutiles. On a $\sin a = 2 \sin \tfrac{1}{2} a \cos \tfrac{1}{2} a$.
Or, l'inégalité $\tang \tfrac{1}{2} a > \tfrac{1}{2} a$, laquelle revient à $\dfrac{\sin \frac{1}{2} a}{\cos \frac{1}{2} a} > \tfrac{1}{2} a$, donne $2 \sin \tfrac{1}{2} a > a \cos \tfrac{1}{2} a$; donc on a

$$\sin a > a \cos^2 \tfrac{1}{2} a.$$

Mais $\cos^2 \tfrac{1}{2} a = 1 - \sin^2 \tfrac{1}{2} a$, et par conséquent $\cos^2 \tfrac{1}{2} a > 1 - (\tfrac{1}{2} a)^2$; donc

$$\sin a > a - \frac{a^3}{4}.$$

Appliquons ce résultat à l'arc 10″. D'après la valeur [1], en augmentant d'une unité la 5e décimale, on aura arc 10″ $< 0,00005$;

donc $\frac{1}{4}($ arc $10'')^3 < 0,00000\ 00000\ 00032$; et par suite il viendra

$$\sin 10'' > \begin{cases} 0,00004\ 84813\ 68110\ \dots \\ -0,00000\ 00000\ 00032 ; \end{cases}$$

donc $\quad \sin 10'' > \quad 0,00004\ 84813\ 68078\ \dots$

On voit que ce sinus ne commencera à différer de l'arc $10''$ que par la 13e décimale ; et même, dans l'arc, cette 13e décimale n'a qu'une unité de plus. De là il suit que si on prend

$$\sin 10'' = 0,00004\ 84813\ 681 ,$$

on sera assuré que l'erreur sera moindre qu'une unité du 13e ordre. En effet, il est clair que la valeur précédente devient trop petite si on ôte une unité à son dernier chiffre ; et qu'au contraire, si on lui en ajoute une, elle devient trop grande, car alors elle surpasserait l'arc.

En mettant la valeur de sin $10''$ sous le radical $\sqrt{1 - \sin^2 10''}$, on trouve cos $10''$, savoir :

$$\cos 10'' = 0,99999\ 99988\ 248.$$

Ensuite on pourra obtenir successivement les sinus et les cosinus de $20''$, $30''$, $40''$,... jusqu'à $45°$, au moyen des formules connues

$$\sin (a+b) = \sin a \cos b + \cos a \sin b ,$$
$$\cos (a+b) = \cos a \cos b - \sin a \sin b.$$

53. Les calculs se font plus rapidement par le procédé suivant, que j'emprunte à THOMAS SIMPSON, géomètre anglais.

Les formules du n° 38 donnent

$$\sin (a+b) = 2 \cos b \sin a - \sin (a-b) ,$$
$$\cos (a+b) = 2 \cos b \cos a - \cos (a-b).$$

On peut considérer les arcs $a-b$, a, $a+b$, comme trois termes consécutifs d'une progression arithmétique dont la raison est b ; donc, si on nomme t, t', t'', ces trois termes, on a

$$\sin t'' = 2 \cos b \sin t' - \sin t ,$$
$$\cos t'' = 2 \cos b \cos t' - \cos t.$$

La première formule montre que deux sinus consécutifs étant calculés, on trouvera le sinus suivant en multipliant le dernier par $2 \cos b$, l'avant-dernier par — 1, et en ajoutant les deux produits. Même règle pour les cosinus.

En conséquence, pour obtenir les sinus et les cosinus de 10 secondes en 10 secondes, on fera $b = 10''$; et, en nommant α et β les valeurs connues de sin 10'' et cos 10'', on aura

$$\sin 0 = 0,$$
$$\sin 10'' = \alpha,$$
$$\sin 20'' = 2\beta \sin 10'',$$
$$\sin 30'' = 2\beta \sin 20'' - \sin 10'',$$
$$\sin 40'' = 2\beta \sin 30'' - \sin 20'',$$
etc.

$$\cos 0 = 1,$$
$$\cos 10'' = \beta,$$
$$\cos 20'' = 2\beta \cos 10'' - 1,$$
$$\cos 30'' = 2\beta \cos 20'' - \cos 10'',$$
$$\cos 40'' = 2\beta \cos 30'' - \cos 20'',$$
etc.

Mais comme 2β diffère peu de 2 unités, ces calculs peuvent encore être abrégés. Désignons par k la différence $2 - 2\beta$, on aura $k = 0,00000\ 00023\ 504$ et $2\beta = 2 - k$. Par suite la valeur de sin t'' devient

$$\sin t'' = 2 \sin t' - k \sin t' - \sin t,$$

d'où $\qquad \sin t'' - \sin t' = (\sin t' - \sin t) - k \sin t'.$

Quand la différence $\sin t'' - \sin t'$ sera calculée, on l'ajoutera à sin t', et on connaîtra sin t''. Or, d'après la dernière formule, cette différence est égale à $\sin t' - \sin t$, différence déjà calculée avant d'arriver à l'arc t', moins le produit $k \sin t'$; donc la seule opération laborieuse, qui se renouvelle à chaque sinus, sera la multiplication du dernier sinus par le nombre constant $k = 0,00000\ 00023\ 504$. Mais cette opération peut elle-même être abrégée en formant d'avance les produits de 23504 par les chiffres 1, 2, 3,.... jusqu'à 9 : par là on aura immédiatement les produits partiels qui composent chaque produit tel que $k \sin t'$, et il ne restera qu'à les ajouter. Des calculs presque semblables feront connaître les cosinus.

Pendant une si longue suite d'opérations les erreurs pouvant se multiplier considérablement, on comprend qu'il est impossible de conserver treize décimales exactes jusqu'à la fin. Pour déterminer le degré de précision sur lequel on doit compter, je chercherai bientôt (56), par des procédés qui donnent une approximation certaine, les valeurs de plusieurs sinus et cosinus ; et alors le nombre des décimales qui leur seront communes avec les valeurs fournies par les calculs qui viennent d'être expliqués, indiquera assez sûrement les décimales que l'on peut regarder comme exactes dans les résultats intermédiaires.

Si on venait à reconnaître qu'on n'a point une approximation suffisante, on choisirait pour point de départ un arc moindre que $10''$, celui de $1''$, par exemple, et on recommencerait tous les calculs.

54. Dans la pratique, il est bien moins utile d'avoir les nombres trigonométriques que leurs logarithmes : aussi les tables donnent-elles immédiatement ces derniers. Mais, en conservant la supposition du rayon $r = 1$, les sinus et les cosinus seraient des fractions, et par suite leurs logarithmes seraient négatifs. Afin de les rendre positifs, on fait $r = 10^{10}$, ce qui revient à partager le rayon en 10 billions de parties égales ; et alors le logarithme d'un sinus ou d'un cosinus ne pourra plus être négatif que pour un angle si peu différent de zéro ou de $90°$, que la différence sera tout-à-fait négligeable.

Il est d'ailleurs facile de transporter tous les résultats de la première hypothèse à la seconde, en les multipliant par 10^{10}, ou en ajoutant 10 à leurs logarithmes. En effet, dans la première hypothèse, celle de $r = 1$, on trouve les rapports des sinus et des cosinus au rayon ; et il est clair que si on divise le rayon en m parties égales, il faut multiplier m par tous ces rapports, pour connaître le nombre de parties contenues dans les sinus et les cosinus.

55. Les logarithmes des tangentes se déterminent par la formule tang $a = \dfrac{r \sin a}{\cos a}$, laquelle donne

$$\log \text{tang } a = \log \sin a + (10 - \log \cos a) :$$

c'est-à-dire qu'il faut ajouter au logarithme du sinus le complément arithmétique de celui du cosinus.

On obtient ensuite les logarithmes des cotangentes au moyen de la relation tang a cot $a = r^2$, d'où l'on tire

$$\log \cot a = 10 + (10 - \log \text{tang } a).$$

Quelques tables ne contiennent pas les cotangentes : on voit qu'il est facile d'y suppléer, puisqu'il suffit d'ajouter 10 au complément arithmétique du logarithme de la tangente.

Quant aux sécantes et aux cosécantes, les tables n'en font aucune mention, attendu que leurs logarithmes se calculent sans peine par ceux du sinus et du cosinus. On fait d'ailleurs très-peu usage de ces deux lignes.

Les tables ne vont jamais plus loin que $45°$. Au-delà on obtient les sinus et les tangentes par les cosinus et les cotangentes, et *vice versâ* : par exemple, a étant $> 45°$, on aurait $\sin a = \cos (90° - a)$. La disposition des tables trigonométriques épargne même le calcul de ce complément.

Calcul des sinus et cosinus de 9° en 9°, pour la vérification des tables.

56. Pour obtenir les vérifications dont il a été parlé plus haut, à la fin du n° 53, je vais calculer les sinus et les cosinus des arcs de $9°$ en $9°$.

Soit d'abord $\sin 18° = x$; $2x$ sera la corde de $36°$ ou le côté du décagone régulier inscrit. Or, ce côté est égal au plus grand segment du rayon divisé en moyenne et extrême raison ; donc, le rayon étant 1, on a $1 : 2x :: 2x : 1 - 2x$. De là on tire

$$x^2 + \tfrac{1}{2} x = \tfrac{1}{4} ;$$

puis, en résolvant cette équation, et négligeant la valeur négative de x, qui nous est inutile, il vient

$$x = \sin 18° = \cos 72° = \tfrac{1}{4}(-1 + \sqrt{5}).$$

Avec cette valeur, on trouve facilement

$$\sqrt{1 - x^2} = \cos 18° = \sin 72° = \tfrac{1}{4}\sqrt{10 + 2\sqrt{5}}.$$

Mettons ces valeurs de $\sin 18°$ et $\cos 18°$ à la place de $\sin a$ et $\cos a$, dans les formules qui expriment $\sin 2a$ et $\cos 2a$ (29) ; et on aura

$$\sin 36° = \cos 54° = \tfrac{1}{4}\sqrt{10 - 2\sqrt{5}}.$$

$$\cos 36° = \sin 54° = \tfrac{1}{4}(1 + \sqrt{5}).$$

Substituons la même valeur de $\sin 18°$, dans les formules qui donnent les valeurs de $\sin \tfrac{1}{2} a$ et $\cos \tfrac{1}{2} a$ en fonction de $\sin a$ (32) ; il viendra

$$\sin 9° = \cos 81° = \tfrac{1}{4}\sqrt{3 + \sqrt{5}} - \tfrac{1}{4}\sqrt{5 - \sqrt{5}}.$$

$$\cos 9° = \sin 81° = \tfrac{1}{4}\sqrt{3 + \sqrt{5}} + \tfrac{1}{4}\sqrt{5 - \sqrt{5}}.$$

Enfin, si on remplace, dans les mêmes formules, $\sin a$ par la valeur $\sin 54° = \frac{1}{4}(1 + \sqrt{5})$, on en déduit

$$\sin 27° = \cos 63° = \tfrac{1}{4}\sqrt{5 + \sqrt{5}} - \tfrac{1}{4}\sqrt{3 - \sqrt{5}},$$

$$\cos 27° = \sin 63° = \tfrac{1}{4}\sqrt{5 + \sqrt{5}} + \tfrac{1}{4}\sqrt{3 - \sqrt{5}}.$$

D'un autre côté, rappelons qu'on a (8) $\sin 45° = \cos 45° = \frac{1}{2}\sqrt{2}$; et nous formerons le tableau suivant :

$$\sin 0° \;= \cos 90° = 0,$$
$$\sin 9° \;= \cos 81° = \tfrac{1}{4}\sqrt{3 + \sqrt{5}} - \tfrac{1}{4}\sqrt{5 - \sqrt{5}},$$
$$\sin 18° = \cos 72° = \tfrac{1}{4}(-1 + \sqrt{5}),$$
$$\sin 27° = \cos 63° = \tfrac{1}{4}\sqrt{5 + \sqrt{5}} - \tfrac{1}{4}\sqrt{3 - \sqrt{5}},$$
$$\sin 36° = \cos 54° = \tfrac{1}{4}\sqrt{10 - 2\sqrt{5}},$$
$$\sin 45° = \cos 45° = \tfrac{1}{2}\sqrt{2},$$
$$\sin 54° = \cos 36° = \tfrac{1}{4}(1 + \sqrt{5}),$$
$$\sin 63° = \cos 27° = \tfrac{1}{4}\sqrt{5 + \sqrt{5}} + \tfrac{1}{4}\sqrt{3 - \sqrt{5}},$$
$$\sin 72° = \cos 18° = \tfrac{1}{4}\sqrt{10 + 2\sqrt{5}},$$
$$\sin 81° = \cos 9° \;= \tfrac{1}{4}\sqrt{3 + \sqrt{5}} + \tfrac{1}{4}\sqrt{5 - \sqrt{5}},$$
$$\sin 90° = \cos 0° \;= 1.$$

Ces diverses expressions étant fort simples et ne renfermant que des racines carrées, il sera facile d'avoir leurs valeurs avec autant de décimales exactes qu'on voudra. Ces valeurs sont celles qui doivent servir à vérifier les calculs expliqués n° 53. On pourrait même descendre par la bissection aux arcs de $4°\,30'$ et de $2°\,15'$, puis remonter aux multiples successifs de $2°\,15'$, ce qui fournirait de nouvelles vérifications. Il en existe encore d'autres, mais de plus grands détails ne seraient pas ici à leur place.

Disposition et usage des Tables de CALLET.

57. Les Tables de CALLET sont les meilleures pour l'ancienne division, et celles de BORDA, pour la nouvelle. Dans l'ouvrage de CALLET, trois tables principales sont à distinguer. La première contient les

logarithmes des nombres jusqu'à 108000, et j'ai expliqué dans mon algèbre comment elles sont disposées et comment on doit s'en servir. La deuxième renferme les logarithmes des sinus, tangentes et cosinus, pour tous les arcs de minute en minute, selon la nouvelle division; et la troisième, ceux des sinus, cosinus, tangentes et cotangentes, de 10″ en 10″, pour l'ancienne division. Je ne parlerai ici que des dernières, attendu que les instrumens et les calculs astronomiques sont toujours assujettis à la division sexagésimale.

58. On y trouve d'abord les LOG-SIN et les LOG-TANG de seconde en seconde jusqu'à 5°, et par conséquent aussi les LOG-COS et les LOG-COT des angles au-dessus de 85°. C'est à cette partie de la table qu'on a recours quand les arcs sont dans ces limites. A la suite viennent les logarithmes des sinus, cosinus, tangentes et cotangentes, de 10″ en 10″. Ils sont écrits dans les colonnes intitulées SINUS, COSIN, etc. Quand la tangente ou la cotangente est plus grande que le rayon, son logarithme surpasse 10; dans la table on a supprimé la dizaine, mais il ne faut pas oublier de la rétablir.

Si on ne considère que les degrés qui sont à la tête de chaque page, on croira que les tables ne s'étendent que jusqu'à 45°; mais si on observe que les colonnes marquées par en haut SINUS, COSIN,... sont marquées par en bas COSIN, SINUS,.... on voit qu'en consultant les degrés et les titres qui sont au bas des pages, ainsi que les colonnes ascendantes placées à droite pour les minutes et secondes, on aura les logarithmes des sinus, cosinus, etc., de 45° à 90°.

D'après ce qui précède, on trouve sur-le-champ

$$\text{L. sin } 6°32'30'' = 9,0566218,$$
$$\text{L. cot } 81°46'20'' = 9,1601596.$$

59. Quand l'angle donné contient des secondes et des fractions de seconde, il faut recourir aux *différences*, et faire des calculs absolument semblables à ceux qui ont été indiqués en parlant des logarithmes des nombres. Cela revient à considérer les différences des LOG-SIN, LOG-COS, etc., comme proportionnelles à celles des arcs; et cette proportion, quoique inexacte, donne cependant une approximation suffisante. Remarquez bien que les LOG-COT doivent avoir les mêmes différences que les LOG-TANG. Les exemples suivans tiendront lieu d'explication.

1° On veut trouver L. sin 6° 32′ 37″,8.

L. sin 6° 32′ 30″ (diff. 1836.........		9,0566218
pour	7″	1285 2
pour	0 ,8.................	046 88
L. sin 6° 32′ 37″,8		9,0567650

2° On veut trouver L. cos 83° 27′ 22″,2.

L. cos 83° 27′ 30″ (diff. 1836........		9,0566218
pour	— 7″	1285 2
pour	— 0 ,8...............	146 88
L. cos 83° 27′ 22″,2		9,0567650

3° On veut connaître L. tang 8° 13′ 52″,76.

L. tang 8° 13′ 50″ (diff. 1486.........		9,1603083
pour	2″	297 2
pour	0,7.................	104 02
pour	0,06...............	8 916
L. tang 8° 13′52″,76		9,1603493

4° On veut connaître L. cot 81° 46′ 7″,24.

L. cot 81° 46′ 10″ (diff. 1486........		9,1603083
pour	— 2	297 2
pour	— 0,7...............	104 02
pour	— 0,06...............	8 916
L. cot 81° 46′ 7″,24		9,1603493

60. Maintenant il faut résoudre aussi la question inverse. Supposons donc qu'on connaisse le logarithme d'un sinus, d'un cosinus, etc., et déterminons l'angle. Par exemple, soit donné L. sin $x = 9,0567650$. Dans les tables, parmi les log-sin moindres que celui-ci, le plus approchant est 9,0566218, et il répond à 6° 32′ 30″. La différence avec le logarithme donné est 1432, et la différence tabulaire, correspondante à 10″, est 1836. En conséquence, je divise 1432 par 1836, et je compte les dixièmes du quotient comme des secondes. De cette manière on trouve 7″,8. Donc l'arc demandé $x = 6° 32′37″,8$. Voici les calculs de cet exemple et de plusieurs analogues.

1° Quel est l'angle dont le L. sin est 9,0567650 ?

```
L. sin x = 9,0567650
pour        9,0566218 (diff. 1836....      6° 32′ 30″
1ᵉʳ reste        14320............             7
2ᵉ reste         14680............            0 ,8
                                         ─────────────
                                    x = 6° 32′ 37″,8
```

2° Quel est l'angle dont le L. cos est 9,0567650 ?

```
L. cos x = 9,0567650
pour        9,0568054 (diff. 1836..       83° 27′ 20″
1ᵉʳ reste        4040............              2
2ᵉ reste         3680............             0,2
                                         ─────────────
                                    x = 83° 27′ 22″, 2
```

3° Quel est l'angle dont le L. tang est 9,1603493 ?

```
L. tang x = 9,1603493
pour        9,1603083 (diff. 1486.        8° 13′ 50″
1ᵉʳ reste        4100..........              2
2ᵉ reste         11280........              0,7
3ᵉ reste         8780........              0,06
                                         ─────────────
                                    x = 8° 13′ 52′,76
```

4° Quel est l'angle dont le L. cot est 9,1603493 ?

```
L. cot x = 9,1603493
pour        9,1604569 (diff. 1486...      81° 46′ 0″
1ᵉʳ reste        10760..........             7
2ᵉ reste         3580..........             0,2
3ᵉ reste         6080........              0,04
                                         ─────────────
                                    x = 81° 46′ 7″,24
```

61. Les formules qui contiennent des sinus, cosinus, etc., supposent presque toujours que le rayon a été pris pour unité. Pour leur appliquer les tables, on peut s'y prendre de deux manières différentes.

La première consiste à rétablir le rayon r dans les formules, comme il a été dit n° 19, et à employer ensuite les logarithmes tels qu'ils sont dans les tables, en ayant soin de prendre L. $r = 10$.

Dans la seconde, on ne change rien à la formule, c'est-à-dire que l'on conserve l'hypothèse $r = 1$, mais on ôte 10 à chaque logarithme que l'on prend dans la table trigonométrique. Il est bien d'opérer cette soustraction sur la caractéristique seule, qui par-là pourra devenir négative; et mieux encore d'employer les logarithmes tels que la table les donne, et de ne tenir compte de cette dizaine qu'à la fin. Cette espèce de correction sera toujours facile : car, dans les calculs, on n'a jamais qu'à ajouter et retrancher des logarithmes; et il est évident que chaque logarithme additif, pris dans la table trigonométrique, mettra une dizaine de trop dans le résultat, et que chaque logarithme soustractif en mettra une de moins.

Afin d'abréger, on doit toujours remplacer la soustraction d'un logarithme par l'addition de son *complément arithmétique*. Alors la dizaine qu'il faudrait retrancher à ce logarithme, pour le réduire à l'hypothèse $r = 1$, est compensée par celle qui se trouve ajoutée en prenant le complément. Au reste, l'erreur d'une dizaine, dans un logarithme, serait si considérable qu'elle ne saurait rester inaperçue. Pour dissiper tout nuage, je calculerai deux exemples.

1° Soit $x = 419 \times \sin^2 40°$, d'où L. $x = $ L. $419 + 2$ L. $\sin 40°$. En prenant L. $\sin 40°$ dans les tables, L. x contiendra 2 dizaines de trop, qu'il faudra retrancher dans le résultat.

L. 419.................	2,6222140
2 L. sin 40°...............	19,6161350
L. x	2,2383490

Si on veut avoir x à $\frac{1}{100}$ près, on ajoute 2 à la caractéristique, et on trouve $x = 173,12$.

2° Soit $\sin x = \dfrac{314 \times \sin 30°}{411 \times \cos^2 15°}$, d'où L. $\sin x = $ L. $314 - $ L. 411 $+$ L. $\sin 30° - 2$ L. $\cos 15°$. En opérant par complémens, les 2 dizaines qu'il faut ôter à 2 L. $\cos 15°$ seront compensées par les 2 dizaines sur lesquelles on prend le complément. Le L. $\sin 30°$ et le complément de L. 411 introduisent 2 dizaines de trop : mais, comme il faudra chercher l'angle x au moyen des tables, on n'ôtera au résultat qu'une seule dizaine, ainsi qu'on le voit ci-après. Je désigne les complémens arithmétiques des logarithmes par L′.

$$
\begin{aligned}
&\text{L. } 314 \ldots\ldots\ldots\ldots\ldots\ldots \quad 2,4969296\ 5\\
&\text{L′. } 411 \ldots\ldots\ldots\ldots\ldots\ldots \quad 7,3861581\ 8\\
&\text{L. } \sin 30° \ldots\ldots\ldots\ldots\ldots \quad 9,6989700\\
&2\text{L′. } \cos 15° \ldots\ldots\ldots\ldots \quad 0,0301124\\
\hline
&\text{L. } \sin x \qquad\qquad\qquad\qquad\quad 9,6121702
\end{aligned}
$$

Ce logarithme est préparé comme il convient pour être cherché dans les tables : on trouve $x = 24° \ 10' \ 7''$.

Relations entre les côtés et les angles d'un triangle rectiligne.

62. Afin d'abréger, nous désignerons, dans tout ce qui va suivre, les angles des triangles par les lettres A, B, C, placées à leurs [sommets; et les côtés opposés, respectivement par a, b, c. De plus, si le triangle est rectangle, A sera l'angle droit, et a l'hypoténuse. Cela posé, je vais démontrer les principes sur lesquels s'appuie la résolution des triangles rectilignes.

63. Théorème I. *Dans un triangle rectangle, chaque côté de l'angle droit est égal à l'hypoténuse multipliée par le sinus de l'angle opposé à ce côté.*

Soit ABC (fig. 13) un triangle rectangle en A : du point B, comme centre et avec un rayon quelconque, décrivez l'arc DE, et abaissez la perpendiculaire EF. Le sinus de l'angle B est le rapport de EF au rayon BE (18) : or les triangles semblables BCA, BEF, donnent $\dfrac{AC}{BC} = \dfrac{EF}{BE}$; donc $\dfrac{b}{a} = \sin B$, ou

[1] $b = a \sin B$.

C'est le théorème qu'il fallait démontrer.

L'angle B est le complément de C, donc $\sin B = \cos C$. Ainsi, on peut dire encore que *chaque côté de l'angle droit est égal à l'hypoténuse multipliée par le cosinus de l'angle adjacent à ce côté.*

64. Théorème II. *Dans un triangle rectangle, chaque côté de l'angle droit est égal à l'autre côté multiplié par la tangente de l'angle opposé au premier côté.*

Soit encore le triangle ABC (fig. 13) : après avoir décrit l'arc DE, élevez DG perpendiculaire à AB. Le rapport de DG à BD est la tangente de l'angle B (18) : or $\dfrac{AC}{AB} = \dfrac{DG}{BD}$; donc $\dfrac{b}{c} = \tan B$, ou

[2] $b = c \tan B.$

Ce résultat peut aussi se déduire du théorème I. En effet, si on applique ce théorème à chacun des côtés b et c, et si on observe que $\sin C = \cos B$, on aura $b = a \sin B$ et $c = a \cos B$; donc

$$\frac{b}{c} = \frac{\sin B}{\cos B} = \tan B \quad \text{ou} \quad b = c \tan B.$$

65. Théorème III. *Dans tout triangle rectiligne, les sinus des angles sont entre eux comme les côtés opposés.*

Soient A et B deux angles quelconques du triangle ABC (fig. 14), et soit CD la perpendiculaire abaissée du sommet C sur le côté AB. Si elle tombe au-dedans du triangle ABC, les deux triangles rectangles ACD, BCD, donneront $CD = b \sin A$ et $CD = a \sin B$, donc $b \sin A = a \sin B$, ou bien

$$\sin A : \sin B :: a : b.$$

Si la perpendiculaire tombe sur le prolongement de BA (fig. 15), le triangle ACD donne $CD = b \sin CAD$. Mais l'angle CAD étant supplément de CAB, on a $\sin CAD = \sin CAB = \sin A$; donc on a encore

[3] $\sin A : \sin B :: a : b.$

66. Théorème IV. *Dans tout triangle rectiligne, le carré d'un côté est égal à la somme des carrés des deux autres, moins le double rectangle de ces deux côtés, multiplié par le cosinus de l'angle compris entre ces côtés. C'est-à-dire qu'on a*

[4] $a^2 = b^2 + c^2 - 2bc \cos A.$

Soit ABC (fig. 14) le triangle dont il s'agit, abaissez CD perpendiculaire sur AB. Quand l'angle A est aigu, on a, d'après un théorème connu, $\overline{CB}^2 = \overline{AC}^2 + \overline{AB}^2 - 2AB \times AD$, ou

$$a^2 = b^2 + c^2 - 2c \times AD.$$

Or le triangle rectangle ACD donne $AD = b \cos A$ (63) ; et en substituant cette valeur de AD, on trouve l'équation [4].

4

Quand l'angle A est obtus (fig. 15), on a

$$a^2 = b^2 + c^2 + 2c \times AD,$$

et le triangle ACD donne $AD = b \cos CAD$. Mais CAD étant supplément de CAB ou A, on a $\cos CAD = -\cos A$ (9); donc $AD = -b \cos A$, et par suite, en mettant cette valeur dans celle de a^2, on trouve encore l'équation [4].

67. Le théorème précédent peut suffire à lui seul pour résoudre un triangle rectiligne. Il est clair en effet que, si on l'applique successivement à chaque côté, on aura les trois équations

$$a^2 = b^2 + c^2 - 2bc \cos A ,$$
$$b^2 = a^2 + c^2 - 2ac \cos B ,$$
$$c^2 = a^2 + b^2 - 2ab \cos C ,$$

par lesquelles on peut déterminer trois des six parties du triangle, quand les trois autres sont connus (sauf les cas où le triangle est impossible, et celui où l'on ne donne que les trois angles).

68. Le théorème III, exprimant une relation entre deux côtés et les deux angles opposés, doit être une conséquence de ces équations. Or voici comment elle s'en déduit :

La première équation donne $\cos A = \dfrac{b^2 + c^2 - a^2}{2bc}$; donc

$$\sin^2 A = 1 - \cos^2 A = \frac{4b^2 c^2 - (b^2 + c^2 - a^2)^2}{4b^2 c^2}$$
$$= \frac{2a^2 b^2 + 2a^2 c^2 + 2b^2 c^2 - a^4 - b^4 - c^4}{4b^2 c^2},$$

et par conséquent

$$\frac{\sin A}{a} = \frac{\sqrt{2a^2 b^2 + 2a^2 c^2 + 2b^2 c^2 - a^4 - b^4 - c^4}}{2abc}.$$

Les deux autres équations donnent de la même manière les rapports $\dfrac{\sin B}{b}$ et $\dfrac{\sin C}{c}$; mais on les obtient plus simplement en changeant, dans le second membre de l'égalité précédente, d'abord a en b et b en a, puis a en c et c en a. Or, remarquez que ce second membre est une fonction symétrique de a, b, c, c'est-à-dire qu'il demeure le même en y faisant un échange quelconque entre ces lettres ; donc on a, conformément au théorème III ,

$$\frac{\sin A}{a} = \frac{\sin B}{b} = \frac{\sin C}{c}.$$

Résolution des triangles rectilignes rectangles.

69. PREMIER CAS. *Étant donnés l'hypoténuse a et un angle aigu B, trouver l'angle C et les deux côtés b et c.*

On a d'abord C = 90° — B. Puis on détermine b et c au moyen du théorème I, lequel donne

$$b = a \sin B, \quad c = a \cos B.$$

Il est bien entendu que les calculs se feront par logarithmes.

70. SECOND CAS. *Étant donnés le côté b de l'angle droit et l'angle aigu B, trouver C, a, c.*

On a encore C = 90° — B. Le théorème I donne a par la relation

$$b = a \sin B, \quad \text{d'où} \quad a = \frac{b}{\sin B};$$

et le théorème II donne c au moyen de celle-ci ,

$$c = b \tang C \quad \text{ou} \quad c = b \cot B.$$

71. TROISIÈME CAS. *Étant donnés l'hypoténuse a et un côté b, trouver l'autre côté c et les angles B et C.*

Par la propriété du triangle rectangle, on a $c^2 = a^2 - b^2$, d'où $c = \sqrt{(a+b)(a-b)}$, expression qui est très-facile à calculer par logarithmes.

On trouvera B par la relation $b = a \sin B$ (63), d'où $\sin B = \dfrac{}{a}$; et enfin on aura C = 90° — B.

Si on commence par chercher les angles, on peut encore déterminer le côté c par la relation $c = a \sin C$.

72. QUATRIÈME CAS. *Étant donnés les deux côtés b et c de l'angle droit, trouver l'hypoténuse a et les angles B et C.*

On calcule d'abord B par la relation $b = c \tang B$ (théor. II), et on a ensuite C = 90° — B. L'hypoténuse a s'obtient par la relation $b = a \sin B$ (théor. I).

On pourrait trouver a directement par la formule $a = \sqrt{b^2 + c^2}$
Mais comme $b^2 + c^2$ ne se décompose pas en facteurs, elle est peu
commode pour le calcul logarithmique, et il vaut mieux déterminer
d'abord l'angle B, et s'en servir ensuite pour avoir a.

Résolution des triangles rectilignes quelconques.

73. PREMIER CAS. *Étant donnés un côté a et deux angles d'un
triangle, trouver les autres parties.*

En retranchant de 180° la somme des deux angles connus, on a le
troisième. Puis on trouve les deux côtés b et c par le théor. III, en
faisant les proportions

$$\sin A : \sin B :: a : b, \quad \sin A : \sin C :: a : c.$$

74. DEUXIÈME CAS. *Étant donnés deux côtés a et b, avec l'angle A
opposé à l'un d'eux, trouver le troisième côté c et les deux autres
angles B et C.*

Le plus simple est de chercher d'abord l'angle B, opposé au côté b,
par la proportion $\quad a : \ :: \sin A : \sin B.$
A et B étant connus, on a $\quad C = 180° - (A + B)$.
Alors c se trouve en posant $\quad \sin A : \sin C :: a : c$.

75. Cette solution exige quelques développemens. La première
proportion détermine d'abord $\sin B$, savoir :

$$\sin B = \frac{b \sin A}{a};$$

et les tables font ensuite trouver pour B un angle aigu. Mais le même
sinus répond aussi à l'angle supplémentaire, qui est obtus; donc, en
nommant M l'angle des tables, on aura pour B les deux valeurs
$B = M$, $B = 180° - M$, ce qui semble indiquer deux triangles, et
donne lieu aux remarques suivantes.

1° Quand l'angle connu A est obtus ou droit (fig. 16), les deux
autres angles doivent être aigus; donc on prendra seulement $B = M$.
Et encore faut-il, pour que le triangle soit possible, qu'on ait $a > b$.
Cette condition est d'ailleurs suffisante.

2° Quand on donne A aigu et $a > b$ (fig. 17), on doit avoir $A > B$,
et il faut encore rejeter la valeur $B = 180° - M$. Alors le triangle est
toujours possible.

3° Mais quand on donne A aigu et $a < b$, on prendra indifféremment B = M ou B = 180° — M. Et en effet, soit (fig. 18) l'angle
aigu BAC = A et AC = b : le cercle décrit du centre C avec le rayon a
pourra dans certains cas couper AB en deux points B et B' ; et alors
on aura deux triangles ACB, ACB', qui seront construits avec les
mêmes données, et dans lesquels les angles ABC, AB'C, sont supplémentaires. La condition pour qu'il y ait deux solutions est que le
côté a, qui est supposé $< b$, soit plus grand que la perpendiculaire CD
abaissée sur AB. Si le côté a est égal à CD, le cercle est tangent à AB,
et les deux solutions se réduisent au seul triangle rectangle ACD.
Enfin, si le côté a est moindre que CD, il n'y a plus de triangle possible : or, je vais faire voir que cette impossibilité est indiquée par
la valeur même de sin B.

Le triangle rectangle ACD donne CD $= b$ sin A. Mais par hypothèse a est moindre que CD ; donc on a

$$a < b \sin A \quad \text{d'où} \quad \frac{b \sin A}{a} > 1.$$

Ainsi la valeur de sin B est plus grande que l'unité : or, il n'y a point
de sinus plus grand que l'unité ; donc le triangle est impossible.

76. Nous avons prescrit de chercher le côté c après l'angle B. Cependant on peut avoir c immédiatement au moyen des données a, b, A:
car, par le théor. IV, on a

$$a^2 = b^2 + c^2 - 2bc \cos A,$$

ou
$$c^2 - 2b \cos A . c = a^2 - b^2,$$

équation du second degré, de laquelle on tire

$$c = b \cos A \pm \sqrt{a^2 - b^2 + b^2 \cos^2 A}$$

$$= b \cos A \pm \sqrt{a^2 - b^2 \sin^2 A}.$$

Le côté d'un triangle devant toujours être une quantité réelle et
positive, il y aurait à examiner quelles relations entre a, b, A, peuvent amener pour c une ou deux valeurs de cette espèce : mais je ne
m'arrêterai pas à cette discussion.

Les valeurs précédentes de c étant peu commodes pour le calcul
logarithmique ne sont d'aucun usage en trigonométrie. Néanmoins,
comme on en rencontre souvent de semblables, je vais montrer l'es-

pèce de transformation que les astronomes leur feraient subir pour en faciliter l'emploi.

Mettons d'abord ces valeurs sous la forme

$$c = b \cos A \pm a \sqrt{1 - \frac{b^2 \sin^2 A}{a^2}}.$$

Comme nous les supposons réelles, la quantité $\dfrac{b \sin A}{a}$ est moindre que 1, et on peut la regarder comme le sinus d'un angle φ qu'on déterminera en posant

$$\sin \varphi = \frac{b \sin A}{a}.$$

Alors on a $b = \dfrac{a \sin \varphi}{\sin A}$, $\sqrt{1 - \dfrac{b^2 \sin^2 A}{a^2}} = \cos \varphi$, et par suite

$$c = \frac{a (\sin \varphi \cos A \pm \sin A \cos \varphi)}{\sin A} = \frac{a \sin (\varphi \pm A)}{\sin A} :$$

valeurs faciles à calculer par logarithmes.

Cette solution, au reste, rentre exactement dans la première : car l'angle auxiliaire φ n'est autre que l'angle B.

77. TROISIÈME CAS. *Étant donnés dans un triangle les deux côtés a et b avec l'angle compris C, trouver c, A, B.*

Par le théorème III, on a

$$a : b :: \sin A : \sin B,$$

proportion qui renferme deux inconnus A et B. Mais on en tire

$$a + b : a - b :: \sin A + \sin B : \sin A - \sin B,$$

et, d'un autre côté, on sait (40) que

$$\sin A + \sin B : \sin A - \sin B :: \tang \tfrac{1}{2} (A + B) : \tang \tfrac{1}{2} (A - B) ;$$

donc on a

[1] $a + b : a - b :: \tang \tfrac{1}{2} (A + B) : \tang \tfrac{1}{2} (A - B).$

Or $\tfrac{1}{2} (A + B) = \tfrac{1}{2} (180^\circ - C) = 90^\circ - \tfrac{1}{2} C$; donc les trois premiers termes de cette proportion sont connus, et on pourra en déduire la valeur de $\tfrac{1}{2} (A - B)$. Quand on connaît la demi-somme et la demi-différence des angles A et B, chacun d'eux est connu : car on a évidemment

$$A = \frac{A+B}{2} + \frac{A-B}{2}, \quad \text{et} \quad B = \frac{A+B}{2} - \frac{A-B}{2}.$$

A et B étant trouvés, on peut obtenir le côté c en posant

[2] $\qquad \sin A : \sin C :: a : c.$

78. Cette proportion demande qu'on cherche trois nouveaux logarithmes, savoir : ceux de a, $\sin A$, $\sin C$. Dans le procédé suivant il y en a un de moins à calculer.

Puisqu'on a $\sin A : \sin B : \sin C :: a : b : c$, on doit avoir aussi

$$\sin A + \sin B : \sin C :: a + b : c, \text{ d'où } c = \frac{(a+b)\sin C}{\sin A + \sin B}.$$

Par des formules connues (n°s 39 et 29), on a $\sin A + \sin B = 2 \sin \frac{1}{2}(A+B) \cos \frac{1}{2}(A-B)$, $\sin C = 2 \sin \frac{1}{2} C \cos \frac{1}{2} C$; et, d'un autre côté, $\sin \frac{1}{2}(A+B) = \sin(90° - \frac{1}{2}C) = \cos \frac{1}{2}C$. Substituons ces valeurs dans c, et il vient, réductions faites,

[3] $\qquad c = \dfrac{(a+b)\sin \frac{1}{2}C}{\cos \frac{1}{2}(A-B)}.$

Cette formule contenant $a + b$ dont le logarithme est déjà connu, il y a réellement un logarithme de moins à chercher que dans la proportion [2].

79. La détermination de c n'est venue qu'après celle de A et de B. Pour avoir c directement, on se sert du théorème IV, lequel donne

$$c = \sqrt{a^2 + b^2 - 2ab \cos C}.$$

Mais comme les logarithmes ne peuvent pas s'appliquer à cette formule, il faut recourir à un angle auxiliaire. Parmi les différentes transformations que cette formule peut subir, je choisis la plus remarquable.

On a $\cos^2 \frac{1}{2}C + \sin^2 \frac{1}{2}C = 1$ et $\cos^2 \frac{1}{2}C - \sin^2 \frac{1}{2}C = \cos C$ (31); par conséquent

$$c = \sqrt{(a^2+b^2)(\cos^2\tfrac{1}{2}C + \sin^2\tfrac{1}{2}C) - 2ab(\cos^2\tfrac{1}{2}C - \sin^2\tfrac{1}{2}C)}$$
$$= \sqrt{(a+b)^2 \sin^2\tfrac{1}{2}C + (a-b)^2 \cos^2\tfrac{1}{2}C}$$
$$= (a+b)\sin\tfrac{1}{2}C \sqrt{1 + \frac{(a-b)^2 \cot^2\tfrac{1}{2}C}{(a+b)^2}}.$$

Puisqu'une tangente peut avoir tous les états de grandeur, on fera

$$\tan \varphi = \frac{(a-b)\cot\frac{1}{2}C}{a+b}.$$

Alors le dernier radical devient

$$\sqrt{1+\tan^2\varphi} = \sqrt{1+\frac{\sin^2\varphi}{\cos^2\varphi}} = \frac{1}{\cos\varphi};$$

et par conséquent on a

$$c = \frac{(a+b)\sin\frac{1}{2}C}{\cos\varphi}.$$

Ainsi, on trouvera successivement l'angle auxiliaire φ et le côté c au moyen de deux formules faciles à calculer par les tables.

Cette solution ne diffère de la précédente qu'en apparence : car, $\tan\frac{1}{2}(A+B)$ étant égale à $\cot\frac{1}{2}C$, la valeur de $\tan\varphi$ est identique à celle de $\tan\frac{1}{2}(A-B)$ déduite de la proportion [1]; et par suite la dernière valeur de c se trouve aussi identique à la formule [3].

80. Dans les applications, il arrive souvent que les côtés sont connus par leurs logarithmes. Supposons qu'il en soit ainsi de a et b, que d'ailleurs C soit donné, et que A et B soient les seules quantités dont on ait besoin. Alors, pour déterminer $\frac{1}{2}(A-B)$ au moyen de la proportion [1], il faudrait préalablement chercher a et b dans les tables : mais on peut éviter cette recherche par l'emploi d'un angle auxiliaire. En effet, soit ψ un angle trouvé en posant $\tan\psi = \frac{b}{a}$: par la formule [2] du n° 34, on a

$$\tan(45° - \psi) = \frac{\tan 45° - \tan\psi}{1+\tan 45°\tan\psi} = \frac{1-\tan\psi}{1+\tan\psi};$$

donc, en remplaçant $\tan\psi$ par sa valeur, on aura

$$\tan(45° - \psi) = \frac{a-b}{a+b}.$$

D'autre part, la proportion [1], déjà citée, donne

$$\tan\frac{1}{2}(A-B) = \frac{a-b}{a+b}\tan\frac{1}{2}(A+B);$$

donc

$$\tan \tfrac{1}{2} (A - B) = \tan (45° - \psi) \tan \tfrac{1}{2} (A + B) :$$

et puisque ψ est connu, on trouvera facilement $\tfrac{1}{2} (A - B)$. Par ce procédé on a deux logarithmes de moins à calculer que si l'on eût déterminé les côtés a et b.

81. QUATRIÈME CAS. *Étant donnés les trois côtés* a, b, c, *trouver les angles* A, B, C.

Par le théorème IV, on a $a^2 = b^2 + c^2 - 2bc \cos A$; donc

$$\cos A = \frac{b^2 + c^2 - a^2}{2bc}.$$

On détermine semblablement B et C. Mais il faut chercher une autre formule plus commode pour les logarithmes.

Le n° 31 donne la formule

$$2 \sin^2 \tfrac{1}{2} A = 1 - \cos A,$$

et en y substituant la valeur de $\cos A$, il vient successivement

$$2 \sin^2 \tfrac{1}{2} A = 1 - \frac{b^2 + c^2 - a^2}{2bc} = \frac{a^2 - b^2 - c^2 + 2bc}{2bc}$$

$$= \frac{a^2 - (b - c)^2}{2bc} = \frac{(a + b - c)\,(a - b + c)}{2bc} \; ;$$

donc $\quad \sin \tfrac{1}{2} A = \sqrt{\dfrac{(a + b - c)\,(a - b + c)}{4bc}}.$

Pour simplifier cette formule, on fait le périmètre $a + b + c = 2s$. Par suite on a $a + b - c = 2s - 2c = 2 (s - c)$, et $a - b + c = 2s - 2b = 2 (s - b)$; donc

$$\sin \tfrac{1}{2} A = \sqrt{\dfrac{(s - b)\,(s - c)}{bc}}.$$

De là on tire cette règle : *Du demi-périmètre retranchez alternativement chacun des côtés qui comprennent l'angle cherché ; divisez le produit des deux restes par celui des deux côtés ; puis extrayez la racine carrée du quotient : vous aurez ainsi le sinus de la moitié de l'angle cherché.*

Quoique l'angle $\tfrac{1}{2} A$ soit déterminé par son sinus, il n'en résulte aucune ambiguité, parce que A étant un angle d'un triangle on doit avoir A < 180° et $\frac{1}{2}$ A < 90°.

82. On peut se procurer avec une égale facilité des formules qui déterminent cos $\frac{1}{2}$ A et tang $\frac{1}{2}$ A. En remarquant (31) que 2 cos² $\frac{1}{2}$ A = 1 + cos A, des transformations toutes semblables aux précédentes conduisent à

$$\cos \tfrac{1}{2} A = \sqrt{\frac{s\,(s-a)}{bc}}.$$

Puis, en divisant sin $\frac{1}{2}$ A par cos $\frac{1}{2}$ A, on a cette autre formule

$$\tan \tfrac{1}{2} A = \sqrt{\frac{(s-b)\,(s-c)}{s\,(s-a)}}.$$

Chacune des trois formules exigeant qu'on cherche quatre logarithmes, aucune d'elles ne mérite d'être préférée aux deux autres quand on ne veut déterminer qu'un seul angle du triangle. Mais quand on en doit calculer deux, il vaut mieux faire usage de la dernière : car il suffira de chercher les logarithmes des quatre quantités s, $s-a$, $s-b$, $s-c$, tandis qu'il en faudrait chercher deux de plus en se servant des deux premières formules.

83. On sait qu'il n'est pas toujours possible de former un triangle avec trois côtés pris à volonté : or, je vais montrer que cette impossibilité est indiquée par le calcul même. Supposons qu'on fasse usage de la formule

$$\sin \tfrac{1}{2} A = \sqrt{\frac{(s-b)\,(s-c)}{bc}}.$$

Quand le triangle est possible, elle doit donner pour sin $\frac{1}{2}$ A une valeur réelle moindre que 1 : mais, s'il est impossible, je dis qu'on aura une valeur ou imaginaire ou plus grande que 1. Pour que l'impossibilité ait lieu, il faut qu'un côté soit plus grand que la somme des deux autres : voyons quels résultats donne alors la formule.

1° Soit $b > a + c$: on aura $2b > a+b+c$; donc $2b > 2s$; donc $s-b < 0$. Mais d'ailleurs on a évidemment $a+b > c$; donc $a+b+c$ ou $2s > 2c$; donc $s-c > 0$. Ainsi la valeur de sin $\frac{1}{2}$ A est imaginaire.

2° Soit $c > a + b$: on conclura $s-c < 0$ et $s-b > 0$, c'est-à-dire que sin $\frac{1}{2}$ A est encore imaginaire.

3° Soit $a > b + c$: on aura $a + b + c$ ou $2s > 2b + 2c$; donc $s > b + c$; donc $s - b > c$, $s - c > b$, et $(s - b)(s - c) > bc$; par conséquent la valeur de $\sin \frac{1}{2} A$ serait plus grande que 1, ce qui ne peut convenir à aucun angle.

Application à des exemples.

84. Les grandes opérations trigonométriques exigent l'emploi de divers instrumens qu'il n'entre pas dans mon sujet de décrire. Les indications suivantes suffiront pour comprendre les exemples que je proposerai.

Pour tracer une ligne droite sur le terrain, on emploie des piquets ou *jalons* que l'on plante de distance en distance, de manière que, l'œil étant placé au-dessus du premier, tous les autres paraissent confondus en un seul.

On trace un angle sur le papier au moyen du *rapporteur* : c'est un demi-cercle divisé en degrés.

Il existe un grand nombre d'instrumens employés pour mesurer les angles, soit sur le terrain, soit dans l'espace : le *graphomètre*, la *boussole*, le *cercle répétiteur*, etc. En général, ils sont formés d'un cercle, ou secteur de cercle, sur lequel on marque un rayon fixe qui sert d'origine aux subdivisions, tandis qu'un second rayon, mobile autour de son centre, peut prendre la direction qu'on veut. Le plan du cercle peut lui-même tourner autour de son centre. Quand on a besoin de connaître l'angle compris par les droites qui vont d'un point donné à deux autres, il n'y a qu'à placer le centre de l'instrument au premier point et à diriger les deux rayons vers les deux autres points : alors on lira sur la circonférence le nombre de degrés interceptés entre les rayons, et ce sera l'angle cherché.

Je vais maintenant passer aux exemples. Je dois prévenir le lecteur que tous les calculs sont effectués par le procédé que j'ai développé n° 61.

85. EXEMPLE I (fig. 19). *Dans un triangle* ABC, *rectangle en* A, *on donne* $a = 175^m,395$, $B = 59° 37' 42''$; *et l'on propose de trouver* C, b, c (69).

En retranchant B de 90°, on a l'angle $C = 90° - 59° 37' 42'' = 30° 22' 18''$. Il reste à trouver b et c.

Calcul de b : $b = a \sin B.$ Calcul de c : $c = a \cos B.$

L. sin 59° 37′ 42″....	9,9358919
L. 1785,395......	3,2517343
L. b	3,1876262
$b = 1540^m,374.$	

L. cos 59° 37′ 42″....	9,7038132
L. 1785,395......	3,2517343
L. $c.$	2,9555475
$c = 902^m,708.$	

86. EXEMPLE II (fig. 20). *Dans un triangle ABC, on donne* $a = 2597^m,845$, $b = 3084^m,327$, $A = 56° 12′ 47″$; *et l'on veut trouver* B, C, c (74).

Calcul de B : $a : b :: \sin A : \sin B.$

L. sin 56° 12′ 47″....	9,9196592
L. 3084, 327.......	3,4891604
L′. 2597,845	6,5853868
L. sin B	9,9942064

Il y a deux solutions :

Dans la première B = 80° 39′ 43″,

Dans la deuxième B = 99° 20′ 17″.

PREMIÈRE SOLUTION : B = 80° 39′ 43″.   DEUXIÈME SOLUTION : B = 99° 20′ 17″.

Calcul de C : $C = 180° - A - B.$ Calcul de C : $C = 180° - A - B.$

180°	
A = 56° 12′ 47″	
B = 80° 39′ 43″	
C = 43° 7′ 30″	

180°	
A = 56° 12′ 47″	
B = 99° 20′ 17″	
C = 24° 26′ 56″	

Calcul de c : $\sin A : \sin C :: a : c.$ Calcul de c : $\sin A : \sin C :: a : c.$

L. 2597,845......	3,4146132
L. sin 43° 7′ 30″....	9,8347972
L′. sin 56° 12′ 47″...	0,0803408
L. c	3,3297512
$c = 2136^m,737.$	

L. 2597,845.......	3,4146132
L. sin 24° 26′ 56″....	9,6168759
L′. sin 56° 12′ 47″....	0,0803408
L. c	3,1118299
$c = 1293^m,689.$	

87. EXEMPLE III (fig. 20). *On propose de retrouver sur le terrain un point* C, *dont on a mesuré les distances* a *et* b *à deux points connus* A *et* B.

Si le triangle ABC n'a qu'une très-petite étendue, on pourra décrire deux arcs de cercle, des points A et B comme centres, avec les distances données pour rayons. Mais cette opération étant impraticable quand les distances sont considérables, on mesure d'abord la distance AB : alors on connaît les trois côtés du triangle ABC, et il est facile de calculer l'angle A (81). La direction du côté AC est ainsi déterminée, et il ne reste plus qu'à s'avancer, dans cette direction, à la distance donnée AC = b.

Soient les données $a = 9459^m,31$, $b = 8032^m,29$, $c = 8242^m,58$. On aura $2s = 25734,18$, $s = 12867,09$, $s - b = 4834,80$, $s - c = 4624,51$.

$$\sin \tfrac{1}{2} A = \sqrt{\frac{(s-b)(s-c)}{bc}}.$$

L. $(s-b)$	3,6843785
L. $(s-c)$	3,6650657
L'. b	6,0951606
L'. c	6,0839368
2 L. $\sin \tfrac{1}{2} A$	19,5285416
L. $\sin \tfrac{1}{2} A$	9,7642708

$\tfrac{1}{2} A = 35° 31' 47''$
$A = 71° 3' 34''$

88. EXEMPLE IV (fig. 21). *Trouver la hauteur AB d'un édifice dont le pied est accessible.*

Sur le terrain, supposé de niveau, on mesure une base BC, à partir du pied de l'édifice ; et, afin d'éviter les petits angles, cette base ne doit être ni très-petite ni très-grande par rapport à la hauteur AB. On place en C le pied de l'instrument avec lequel on mesure l'angle EDA, formé par DA avec l'horizontale DE parallèle à CB. Alors, dans le triangle rectangle AED, on connaît le côté DE et l'angle D ; donc on peut calculer AE (70). En ajoutant CD à AE, on aura la hauteur demandée AB.

Soit CD = $1^m,10$, DE = $61^m,28$, D = $41° 31' 25''$. On aura
$$AE = 61,28 \times \tan 41° 31' 25''.$$

L. $\tan 41° 31' 25$	9,9471690
L. 61,28	1,7873188
L. AE.	1,7344878

AE = $54^m,261$, AB = $55^m,361$.

Quand le pied de l'édifice est inaccessible, ou quand AB est l'élévation d'une colline au-dessus du sol environnant (fig. 22), le pied de cette perpendiculaire est inconnu, et on ne peut plus mesurer la distance BC. Mais alors on peut encore mesurer l'angle ADE ; car, sans voir la ligne AB, il est possible d'amener le plan du cercle, avec lequel on mesure les angles, à passer par la verticale AB. En outre, on déterminera la distance AD comme il sera dit dans l'exemple suivant ; donc on connaîtra l'hypoténuse AD et l'angle D, et par suite on pourra trouver AE (69).

89. EXEMPLE V (fig. 23). *Trouver la distance d'un point A, où l'on est placé, à un point éloigné P, qui est inaccessible, mais qu'on peut apercevoir,*

On mesure d'abord une base AB, ainsi que les angles PAB, PBA ; et alors on peut déterminer AP (73).

Prenons pour données : $AB = 247^m,49$, $A = 62°41'$, $B = 95°42'$. On en déduit l'angle $P = 57°37'$; et alors on calcule AP comme il suit :

$$\sin P : \sin B :: AB : AP$$

L. AB	2,3935577
L. sin B	9,9362098
L. sin P	0,0734087
L. AP	2,4031762

Distance cherchée $AP = 253^m,032$.

90. EXEMPLE VI (fig. 24). *Trouver la distance PQ de deux points inaccessibles, mais visibles.*

On mesure une base AB, et les angles BAP, BAQ, ABP, ABQ, puis on détermine comme ci-dessus le côté AP du triangle ABP, et le côté AQ du triangle ABQ. D'ailleurs l'angle PAQ est connu : car, si les quatre points A, B, P, Q, sont dans un même plan, on a PAQ = BAP — BAQ ; et dans tous les cas, on peut trouver cet angle en le mesurant directement. Ainsi, on connaîtra, dans le triangle PAQ, deux côtés et l'angle compris ; il sera donc facile d'avoir le côté PQ (77).

Soient les données : $AB = 345^m,29$, $BAP = 69°26'$, $BAQ = 44°31'$, $PAQ = 25°41'$, $ABP = 48°15'$, $ABQ = 102°14'$.

De là on conclut immédiatement $APB = 62°19'$, $AQB = 33°15'$; puis on effectue les calculs comme dans le tableau suivant :

1° Calcul de AP.

Sin APB : sin ABP :: AB : AP

L. AB 2,5381840
L. sin ABP 9,8727722
L'. sin APB 0,0527973

L. AP   2,4637535
AP = 290^m,907.

2° Calcul de AQ.

Sin AQB : sin ABQ :: AB : AQ

L. AB 2,5381840
L. sin ABQ 9,9900247
L'. sin AQB 0,2609871

L. AQ   2,7891958
AQ = 615^m,454

3° Calcul des angles P et Q.

Soit AQ = p, AP = q, APQ = P, AQP = Q.
On trouvera $p + q = 906,361$, $p - q$
$= 324,547$, $\frac{1}{2}(P + Q) = 77° 9' 30''$.

Puis, on posera

$p + q : p - q :: \tan\frac{1}{2}(P + Q) : \tan\frac{1}{2}(P - Q)$

L. tang $\frac{1}{2}$ (P + Q) 10,6421427
L. (p — q) 2,5112776
L'. p + q 7,0426988

L. tang $\frac{1}{2}$(P — Q)   10,1961191
$\frac{1}{2}$(P — Q) = 57° 31' 6'' ; par suite
P = 134° 40' 36'' et Q = 19° 38' 24''.

4° Calcul de PQ.

sin Q : sin PAQ :: q : PQ

L. q 2,4637535
L. sin PAQ 9,6368859
L'. sin Q 0,4735196

L. PQ   2,5741590
PQ = 375^m,110.

91. *Autre solution.* On n'a obtenu les distances AP et AQ qu'en passant par leurs logarithmes ; c'est donc ici le cas d'employer l'angle auxiliaire ψ dont il est parlé n° 80. Alors, après avoir trouvé L. AP et L. AQ, on cherche les angles P et Q comme il suit :

Calcul de ψ.

$\tan \psi = \dfrac{AP}{AQ}$

L. AP 2,4637535
L'. AQ 7,2108042

L. tang ψ 9,6745577
$\psi = 25° 17' 55''$
$45° - \psi = 19° 42' 5''$.

Calcul de P et Q.

$\tan\frac{1}{2}(P - Q) = \begin{cases} \tan\frac{1}{2}(P + Q) \\ \times \tan(45° - \psi) \end{cases}$

L. tang $\frac{1}{2}$ (P + Q) 10,6421427
L. tang (45° — ψ) 9,5539790

L. tang $\frac{1}{2}$(P — Q)   10,1961217
$\frac{1}{2}$ (P — Q) = 57° 31' 6''

Le reste s'achève comme plus haut.

92. EXEMPLE VII. (fig. 25). *Trois points remarquables* A, B, C,

*sont situés sur un terrain uni; et l'on veut y retrouver le point M,
d'où les distances* AB *et* AC *ont été vues sous des angles connus.*

D'après l'énoncé les angles AMB et AMC sont connus. Décrivez donc sur AB un segment capable du premier, et sur AC un segment capable du second : les arcs se couperont en A et en M ; et le point M sera le point demandé. Mais cette construction étant impraticable sur le terrain, on va déterminer par le calcul l'angle BAM et la distance AM. La méthode suivante, dans laquelle on cherche d'abord les angles ABM et ACM, m'a paru la plus simple.

Je ferai les données AB $= a$, AC $= b$, BAC $=$ A, AMB $= \alpha$, AMC $= \beta$; et les inconnues, ABM $= x$, ACM $= y$.

Dans le quadrilatère ABMC on a

$$x + y = 360° - (A + \alpha + \beta) :$$

ainsi la somme des angles x et y est connue. Cherchons leur différence. Les triangles ABM et ACM donnent

[1] $\sin \alpha : \sin x :: a : AM, \quad \sin \beta : \sin y :: b : AM.$

En égalant les valeurs de AM, on a

$$\frac{a \sin x}{\sin \alpha} = \frac{b \sin y}{\sin \beta}, \quad \text{ou} \quad \frac{b \sin \alpha}{a \sin \beta} = \frac{\sin x}{\sin y}.$$

Posons $a' = \dfrac{a \sin \beta}{\sin \alpha}$: la quantité a' sera facile à calculer par logarithmes. Par suite on aura $\dfrac{b}{a'} = \dfrac{\sin x}{\sin y}$, d'où $\dfrac{b + a'}{b - a'} = \dfrac{\sin x + \sin y}{\sin x - \sin y}$;

donc (40)

$$\frac{b + a'}{b - a'} = \frac{\tang \frac{1}{2} (x + y)}{\tang \frac{1}{2} (x - y)}.$$

Puisque la somme $x + y$ est connue, on aura la différence $x - y$ au moyen de la dernière égalité, et ensuite on trouvera facilement x et y. Alors on aura l'angle BAM $= 180° - (\alpha + x)$, et la distance AM sera donnée par l'une des proportions [1].

Relations entre les angles et les côtés d'un triangle sphérique.

93. FORMULE FONDAMENTALE. Les parties d'un triangle sphérique, tracé sur une sphère donnée, sont connues lorsqu'on sait le nombre

de degrés que contient chacune d'elles. La solution des questions relatives aux triangles sphériques dépend donc des relations qui existent entre ces nombres de degrés, c'est-à-dire, entre les nombres trigonométriques correspondans, sinus, cosinus, etc. En conséquence, je vais établir d'abord la formule qui lie un angle quelconque avec les trois côtés, et je montrerai ensuite comment on en déduit la solution de tous les cas que peuvent présenter les triangles sphériques. Les angles seront toujours désignés par A, B, C, et les côtés opposés, par a, b, c.

Soit O (fig. 26.) le centre de la sphère sur laquelle est situé le triangle ABC : je mène les rayons OA, OB, OC ; j'élève sur OA les perpendiculaires AD et AE, l'une dans le plan OAB, l'autre dans le plan OAC, et je suppose qu'elles rencontrent en D et E les rayons OB et OC prolongés. L'angle DAE est égal à l'angle A du triangle sphérique ; et, en prenant OA pour unité, on aura AD $=$ tang c, OD $=$ séc c, AE $=$ tang b, OE $=$ séc b.

Cela posé, les triangles DAE, DOE, donnent (66)

$$\overline{AD}{}^2 + \overline{AE}{}^2 - 2\,AD.AE.\cos A = \overline{DE}{}^2,$$
$$\overline{OD}{}^2 + \overline{OE}{}^2 - 2\,OD.OE.\cos a = \overline{DE}{}^2.$$

De la 2e égalité retranchons la 1re, remarquons que $\overline{OD}{}^2 - \overline{AD}{}^2 = \overline{OE}{}^2 - \overline{AE}{}^2 = 1$, remplaçons les lignes par leurs désignations trigonométriques, et divisons par 2 ; il vient

$$1 - \text{séc } b \text{ séc } c \cos a + \text{tang } b \text{ tang } c \cos A = 0 :$$

mais $\text{séc } b = \dfrac{1}{\cos b}$, $\quad \text{tang } b = \dfrac{\sin b}{\cos b}$, $\quad \text{séc } c = \dfrac{1}{\cos c}$, ... donc on a

$$1 - \frac{\cos a}{\cos b \, \cos c} + \frac{\sin b \, \sin c \, \cos A}{\cos b \, \cos c} = 0,$$

d'où

|1| $\qquad \cos a = \cos b \, \cos c + \sin b \, \sin c \, \cos A.$

Telle est la formule fondamentale de la trigonométrie sphérique.

94. Dans la figure les côtés b et c sont moindres que 90°, mais il est facile de voir que la formule [1] est générale. Supposons que l'un de ces côtés surpasse 90°, et que ce soit, par exemple, b ou AC (fig. 27) : j'achève les demi-circonférences CAC', CBC', et je forme ainsi le

5

triangle ABC′, dont les côtés a' et b', ou BC′ et AC′, sont supplémens de a et b, et dont l'angle BAC′ est supplément de A. Puisque les côtés b' et c sont moindres que 90° la formule [1] s'applique au triangle ABC′, et donne

$$\cos a' = \cos b' \cos c + \sin b' \sin c \cos BAC'.$$

Or, $a' = 180° - a$, $b' = 180° - b$, BAC′ $= 180° - $ A ; et en substituant ces valeurs, puis changeant les signes des deux membres , on retombe sur la formule [1] ; donc cette formule convient au cas où l'on a $b > 90°$.

Supposons que les deux côtés b et c surpassent 90° (fig. 28) : je prolonge les côtés AB et AC jusqu'à leur intersection A′, et je forme le triangle BCA′, dans lequel l'angle A′ est égal à A, et les côtés b' et c' égaux aux supplémens de b et c. La formule [1], étant appliquée à ce triangle, devra avoir lieu en y remplaçant b et c par 180°—b et 180°—c : or ces substitutions n'y produisent aucun changement.

Enfin, on peut vérifier aussi la formule dans les cas où l'on a $b = 90°$ et $c = 90°$, ensemble ou isolément. Mais comme elle convient à des valeurs aussi voisines qu'on voudra de 90°, il est évident qu'elle doit encore subsister dans ces cas particuliers.

95. On peut appliquer la formule [1] à chacun des côtés du triangle, et on aura ainsi trois équations, au moyen desquelles on pourra toujours déterminer trois parties quelconques de ce triangle, quand les trois autres seront connues. Mais, pour les applications, il est nécessaire d'avoir séparément les diverses relations qui existent entre quatre parties du triangle, prises de toutes les manières possibles. Il n'y a en tout que quatre combinaisons distinctes que nous allons parcourir successivement.

96. 1° *Relation entre les trois côtés et un angle.* C'est l'équation [1] déjà trouvée, laquelle en produit trois par la permutation des lettres, savoir :

[1] $\cos a = \cos b \cos c + \sin b \sin c \cos A,$
[2] $\cos b = \cos a \cos c + \sin a \sin c \cos B,$
[3] $\cos c = \cos a \cos b + \sin a \sin b \cos C.$

97. 2° *Relation entre deux côtés et les deux angles opposés.* Pour avoir celle qui répond à la combinaison a, b, A, B, il faut éliminer c

entre [1] et [2]. Le moyen qui se présente d'abord, c'est d'en tirer les valeurs de sin c et cos c, puis de les substituer dans l'équation $\sin^2 c + \cos^2 c = 1$; mais le calcul suivant, analogue à celui du n° 68, est plus simple.

L'équation [1] donne $\cos A = \dfrac{\cos a - \cos b \cos c}{\sin b \sin c}$: par suite on a

$$\sin^2 A = 1 - \cos^2 A = 1 - \frac{(\cos a - \cos b \cos c)^2}{\sin^2 b \sin^2 c}$$

$$= \frac{(1 - \cos^2 b)(1 - \cos^2 c) - (\cos a - \cos b \cos c)^2}{\sin^2 b \sin^2 c}$$

$$= \frac{1 - \cos^2 a - \cos^2 b - \cos^2 c + 2 \cos a \cos b \cos c}{\sin^2 b \sin^2 c};$$

donc

$$\frac{\sin A}{\sin a} = \frac{\sqrt{1 - \cos^2 a - \cos^2 b - \cos^2 c + 2 \cos a \cos b \cos c}}{\sin a \sin b \sin c}.$$

Il n'y a ici aucune ambiguïté dans le signe du radical, attendu que les angles et les côtés étant moindres que 180°, leurs sinus sont positifs. Comme le second membre demeure constant quand on change A et a en B et b, et vice versá, ou bien en C et c, et vice versá, on conclut

[4] $$\frac{\sin A}{\sin a} = \frac{\sin B}{\sin b} = \frac{\sin C}{\sin c};$$

donc, *dans un triangle sphérique, les sinus des angles sont entre eux comme les sinus des côtés opposés.*

98. 3° *Relation entre deux côtés, l'angle qu'ils comprennent, et l'angle opposé à l'un d'eux.* Considérons la combinaison a, b, A, C. Éliminons d'abord cos c entre [1] et [3], il vient

$$\cos a = \cos a \cos^2 b + \cos b \sin a \sin b \cos C + \sin b \sin c \cos A.$$

En transposant $\cos a \cos^2 b$, observant que $\cos a - \cos a \cos^2 b = \cos a \sin^2 b$, et divisant tout par $\sin b \sin a$, on trouve

$$\frac{\cos a \sin b}{\sin a} = \cos b \cos C + \frac{\sin c \cos A}{\sin a}.$$

Mais $\dfrac{\sin c}{\sin a} = \dfrac{\sin C}{\sin A}$; et par suite on a, pour la relation cherchée,

$$\cot a \sin b = \cos b \cos C + \sin C \cot A.$$

On peut y faire différentes permutations entre les lettres, et on obtient en tout six équations, savoir :

$$[5] \qquad \cot a \sin b = \cos b \cos C + \sin C \cot A ,$$
$$[6] \qquad \cot b \sin a = \cos a \cos C + \sin C \cot B ,$$
$$[7] \qquad \cot a \sin c = \cos c \cos B + \sin B \cot A ,$$
$$[8] \qquad \cot c \sin a = \cos a \cos B + \sin B \cot C ,$$
$$[9] \qquad \cot b \sin c = \cos c \cos A + \sin A \cot B ,$$
$$[10] \qquad \cot c \sin b = \cos b \cos A + \sin A \cot C .$$

99. 4° *Relation entre un côté et les trois angles.* C'est la dernière qui reste à chercher. Éliminons b et c entre les équations [1], [2], [3]. A cet effet, mettons d'abord dans la 1re la valeur de $\cos c$, tirée de la 3e : il vient, comme ci-dessus,

$$\frac{\cos a \sin b}{\sin a} = \cos b \cos C + \frac{\sin c \cos A}{\sin a} ;$$

et cette relation, au moyen des égalités

$$\frac{\sin b}{\sin a} = \frac{\sin B}{\sin A} \quad \text{et} \quad \frac{\sin c}{\sin a} = \frac{\sin C}{\sin A} ,$$

se change facilement en celle-ci :

$$\cos a \sin B = \cos b \sin A \cos C + \cos A \sin C .$$

En effectuant les mêmes calculs sur l'équation [2], ou mieux, en changeant, dans la dernière, a et A en b et B, et *vice versâ*, on a

$$\cos b \sin A = \cos a \sin B \cos C + \cos B \sin C .$$

Il n'y a donc plus qu'à éliminer $\cos b$ entre les deux équations précédentes. On trouve ainsi, après toutes réductions, la relation cherchée entre A, B, C et a, laquelle, étant appliquée aux trois angles successivement, donne les trois équations

$$[11] \qquad \cos A = - \cos B \cos C + \sin B \sin C \cos a ,$$
$$[12] \qquad \cos B = - \cos A \cos C + \sin A \sin C \cos b ,$$
$$[13] \qquad \cos C = - \cos A \cos B + \sin A \sin B \cos c .$$

100. L'analogie de ces équations avec la formule fondamentale [1] est frappante, et conduit à une conséquence remarquable. Imaginons un triangle sphérique A′ B′ C′ dont les côtés a', b', c', soient les supplémens des angles A, B, C : en vertu de la formule [1] on aura

$$\cos a' = \cos b' \cos c' + \sin b' \sin c' \cos A' :$$

or $\sin a' = \sin A$, $\cos a' = -\cos A$, $\sin b' = \sin B$, etc. ; donc

$$-\cos A = \cos B \cos C + \sin B \sin C \cos A'.$$

On tirerait de là, pour $\cos A'$, une valeur égale et de signe contraire à celle que donne [11] pour $\cos a$; donc $a = 180° - A'$. Semblablement, $b = 180° - B'$ et $c = 180° - C'$; donc, *un triangle sphérique étant donné, si l'on en forme un second dont les côtés soient supplément des angles du premier, réciproquement les côtés du premier sont les supplémens des angles du second.*

Par cette raison, les deux triangles sont dits *supplémentaires*. On a vu en géométrie que chacun d'eux peut être décrit en prenant pour pôles les trois sommets de l'autre : c'est d'après cette propriété que chacun des deux triangles est dit le *polaire* de l'autre.

101. *Analogies de Néper.* Je vais encore démontrer les proportions qui sont connues sous le nom d'*analogies de Néper*, et qu'on emploie pour simplifier quelques cas des triangles sphériques.

Les équations [1] et [2] donnent

$$\cos a - \cos b \cos c = \sin b \sin c \cos A,$$
$$\cos b - \cos a \cos c = \sin a \sin c \cos B.$$

d'où l'on tire, par la division, et en ayant égard à la relation

$$\frac{\sin a}{\sin b} = \frac{\sin A}{\sin B},$$

$$\frac{\cos b - \cos a \cos c}{\cos a - \cos b \cos c} = \frac{\sin A \cos B}{\sin B \cos A}.$$

Mettons cette égalité sous forme de proportion, et comparons la différence des termes de chaque rapport avec la somme des mêmes termes : alors, par des transformations faciles à apercevoir, on trouve

$$\frac{\cos b - \cos a}{\cos b + \cos a} \times \frac{1 + \cos c}{1 - \cos c} = \frac{\sin (A-B)}{\sin (A+B)}.$$

Mais, par des formules connues (40, 37, 29), on a

$$\frac{\cos b - \cos a}{\cos b + \cos a} = \tang \tfrac{1}{2}(a+b) \tang \tfrac{1}{2}(a-b),$$
$$\frac{1 + \cos c}{1 - \cos c} = \frac{1}{\tang^2 \tfrac{1}{2} c},$$
$$\sin (A+B) = 2 \sin \tfrac{1}{2}(A+B) \cos \tfrac{1}{2}(A+B),$$
$$\sin (A-B) = 2 \sin \tfrac{1}{2}(A-B) \cos \tfrac{1}{2}(A-B);$$

substituons donc ces valeurs, et il viendra

$$[\alpha] \quad \operatorname{tang} \tfrac{1}{2}(a+b)\operatorname{tang}\tfrac{1}{2}(a-b) = \operatorname{tang}^2\tfrac{1}{2}c\,\frac{\sin\tfrac{1}{2}(A-B)\cos\tfrac{1}{2}(A-B)}{\sin\tfrac{1}{2}(A+B)\cos\tfrac{1}{2}(A+B)}.$$

D'un autre côté, l'équation $\dfrac{\sin a}{\sin b} = \dfrac{\sin A}{\sin B}$ donne

$$\frac{\sin a + \sin b}{\sin a - \sin b} = \frac{\sin A + \sin B}{\sin A - \sin B};$$

et celle-ci peut se transformer en cette autre (40, 39)

$$\frac{\operatorname{tang}\tfrac{1}{2}(a+b)}{\operatorname{tang}\tfrac{1}{2}(a-b)} = \frac{\sin\tfrac{1}{2}(A+B)\cos\tfrac{1}{2}(A-B)}{\cos\tfrac{1}{2}(A+B)\sin\tfrac{1}{2}(A-B)}.$$

Multiplions d'abord l'équation [α] par cette dernière, puis divisons-les l'une par l'autre, il ne restera que des carrés. Alors, en extrayant les racines, et observant qu'en vertu de l'équation [α], $\operatorname{tang}\tfrac{1}{2}(a+b)$ et $\cos\tfrac{1}{2}(A+B)$ doivent être de même signe, il vient

$$[14] \quad \operatorname{tang}\tfrac{1}{2}(a+b) = \operatorname{tang}\tfrac{1}{2}c\,\frac{\cos\tfrac{1}{2}(A-B)}{\cos\tfrac{1}{2}(A+B)},$$

$$[15] \quad \operatorname{tang}\tfrac{1}{2}(a-b) = \operatorname{tang}\tfrac{1}{2}c\,\frac{\sin\tfrac{1}{2}(A-B)}{\sin\tfrac{1}{2}(A+B)}.$$

On peut appliquer ces formules au triangle polaire ; et pour cela il faut y remplacer a, b, c, A, B, par $180°-A$, $180°-B$, $180°-C$, $180°-a$, $180°-b$: il en résulte

$$[16] \quad \operatorname{tang}\tfrac{1}{2}(A+B) = \cot\tfrac{1}{2}C\,\frac{\cos\tfrac{1}{2}(a-b)}{\cos\tfrac{1}{2}(a+b)},$$

$$[17] \quad \operatorname{tang}\tfrac{1}{2}(A-B) = \cot\tfrac{1}{2}C\,\frac{\sin\tfrac{1}{2}(a-b)}{\sin\tfrac{1}{2}(a+b)}.$$

Les quatre formules ci-dessus sont, sous la forme d'égalités, les proportions ou analogies découvertes par NÉPER. On se sert des deux premières quand on connaît un côté avec les angles qui lui sont adjacens ; et des deux dernières, quand on connaît deux côtés et l'angle compris.

102. *Relations entre les parties d'un triangle sphérique rectangle.* Pour avoir les formules propres au cas du triangle rectangle, il suffira

de faire A=90° dans celles des relations, trouvées précédemment, qui contiennent cet angle. De cette manière on trouve

[a] $\qquad \cos a = \cos b \cos c,$ $\qquad\qquad$ n° 96.

[b] $\qquad \sin b = \sin a \sin B, \qquad \sin c = \sin a \sin C,$ $\qquad$ n° 97.

[c] $\qquad \tan b = \tan a \cos C, \qquad \tan c = \tan a \cos B,$ $\qquad$ n° 98.

[d] $\qquad \tan b = \sin c \tan B, \qquad \tan c = \sin b \tan C,$ $\qquad$ *ibid.*

[e] $\qquad \cos B = \sin C \cos b, \qquad \cos C = \sin B \cos c,$ $\qquad$ n° 99.

[f] $\qquad \cos a = \cot B \cot C,$ $\qquad\qquad$ *ibid.*

En tout six formules distinctes, également commodes pour le calcul logarithmique. La première donne une relation entre l'hypoténuse et les deux côtés de l'angle droit; la deuxième, entre l'hypoténuse, un côté et l'angle opposé; la troisième, entre l'hypoténuse, un côté et l'angle adjacent; la quatrième, entre les deux côtés et l'angle opposé à l'un d'eux; la cinquième, entre un côté et les deux angles obliques; enfin, la sixième, entre l'hypoténuse et les angles obliques. Ainsi, deux des cinq parties étant connues, on a une formule pour déterminer telle autre partie qu'on voudra.

103. Certaines propriétés des triangles rectangles sont à remarquer ici.

1° La formule [a] exige que cos a ait le signe du produit cos b cos c : or, pour cela, il faut que les trois cosinus soient positifs, ou qu'un seul le soit. Donc, *dans un triangle sphérique rectangle, les trois côtés sont moindres que 90°; ou bien deux des côtés sont plus grands que 90°, et le troisième est moindre.*

2° Les formules [d] montrent que tang b a le même signe que tang B, et tang c le même signe que tang C. Donc, *chaque côté de l'angle droit est de même espèce que l'angle opposé : c'est-à-dire que l'angle et le côté sont tous deux moindres que 90° ou tous deux plus grands.*

Résolution des triangles sphériques rectangles.

104. Un triangle sphérique peut être bi-rectangle et même tri-rectangle, c'est-à-dire que deux de ses angles peuvent être droits, et même tous les trois. Dans le dernier cas, les trois côtés sont des quadrans. Dans l'autre, les côtés opposés aux deux angles droits sont aussi des

quadrans; et le troisième angle, ayant pour mesure le troisième côté, doit être exprimé par le même nombre de degrés que ce côté. Ainsi, ces deux cas ne donnant lieu à aucune question, je parlerai seulement du triangle sphérique qui ne renferme qu'un angle droit. Pour le déterminer, il suffit de connaître deux des cinq autres parties, ce qui fera six cas à considérer.

105. Premier cas. *Étant donnés l'hypoténuse* a *et un côté* b, *trouver* c, B, C.

Il faut recourir aux relations [a], [b], [c], lesquelles donnent

$$\cos c = \frac{\cos a}{\cos b}, \; \sin B = \frac{\sin b}{\sin a}, \; \cos C = \frac{\tang b}{\tang a}.$$

Comme il s'agit ici d'arcs et d'angles qui ne peuvent surpasser 180°, et comme dans cette limite il n'y a qu'un seul arc qui réponde à un cosinus donné, il s'ensuit que c et C sont déterminés sans aucune ambiguïté. Quant à l'angle B, comme il est connu par son sinus, il semble qu'on puisse le prendre indifféremment aigu ou obtus; mais, d'après les remarques du n° 103, il doit être de même espèce que le côté donné b.

106. Deuxième cas. *Étant donnés les deux côtés* b *et* c *de l'angle droit, trouver l'hypoténuse* a *et les angles* B, C.

Par les relations [a] et [d] on a

$$\cos a = \cos b \cos c, \; \tang B = \frac{\tang b}{\sin c}, \; \tang C = \frac{\tang c}{\sin b};$$

et il est clair qu'il n'y a ici aucune ambiguïté.

107. Troisième cas. *Étant donnés l'hypoténuse* a *et un angle* B, *trouver* b, c, C.

Des relations [b], [c], [f], tirez

$$\sin b = \sin a \sin B, \; \tang c = \tang a \cos B, \; \cot C = \cos a \tang B.$$

c et C seront déterminés sans ambiguïté, et le côté b devra être de même espèce que B (103).

108. Quatrième cas. *Étant donnés le côté* b *de l'angle droit, ainsi que l'angle opposé* B, *trouver* a, c, C.

Au moyen des relations [b], [d], [e], on a

$$\sin a = \frac{\sin b}{\sin B}, \quad \sin c = \frac{\tang b}{\tang B}, \quad \sin C = \frac{\cos B}{\cos b};$$

Il y a ici ambiguité à cause des sinus, et il est facile de voir qu'elle doit véritablement exister. En effet, si le triangle BAC (fig. 29), rectangle en A, satisfait à la question, prolongez BA et BC jusqu'à leur intersection D, puis prenez DA′=BA et DC′=BC, les triangles BAC, DA′C′, seront égaux dans toutes leurs parties; donc l'angle A′ est droit, et C′A′=CA=b. Ainsi le triangle BA′C′ est rectangle et contient aussi les deux parties données B et b. On peut donc prendre à volonté a<90° ou a>90°; mais quand le choix sera fait, l'espèce de c sera donnée par la relation cos a=cos b cos c, et cette espèce sera aussi celle de C.

Il n'y a plus qu'un seul triangle, lequel est bi-rectangle, quand b=B. Il n'y en a plus qu'un si l'on a sin b>sin B.

109. CINQUIÈME CAS. *Étant donné un côté* b *de l'angle droit avec l'angle adjacent* C, *trouver* a, c, B.

Des relations [c], [d], [e], on tire

$$\tang a = \frac{\tang b}{\cos C}, \quad \tang c = \sin b \tang C, \quad \cos B = \cos b \sin C.$$

Par-là on connaîtra a, c, B, sans aucune ambiguité.

110. SIXIÈME CAS. *Étant donnés les deux angles obliques* B *et* C, *trouver* a, b, c.

Les équations [f] et [e] donnent

$$\cos a = \cot B \cot C, \quad \cos b = \frac{\cos B}{\sin C}, \quad \cos c = \frac{\cos C}{\sin B}.$$

Ces valeurs ne laissent aucune ambiguité; et si le triangle est impossible, elles en avertiront.

111. REMARQUE. Plusieurs cas se ramènent au triangle rectangle.

1° Si dans un triangle sphérique on donne trois parties parmi lesquelles il y ait un côté égal à 90°, l'angle correspondant, dans le triangle polaire, sera droit. De plus, on connaîtra deux des cinq autres élémens de ce triangle; donc on pourra le résoudre par ce qui a été dit plus haut : or il est évident que la résolution de ce triangle fera trouver le premier.

2° Quand un triangle est isoscèle, les deux côtés égaux ne sont comptés que pour un seul élément, les angles qui leur sont opposés, aussi pour un seul ; et alors il suffit de deux élémens pour déterminer le triangle. Or, en menant un arc de grand cercle du sommet au milieu de la base, on le décompose en deux triangles rectangles, égaux dans toutes leurs parties, et dans chacun desquels on connaîtra deux élémens, outre l'angle droit ; donc les triangles isoscèles peuvent se résoudre par les triangles rectangles.

3° Soit un triangle sphérique ABC (fig. 3o) dans lequel on a $a+b = 180°$. En prolongeant a et c jusqu'à leur intersection D, on aura $a + CD = 180°$; donc $CD = b$. Or, chaque élément connu du triangle ABC en fait connaître un dans le triangle isoscèle ACD, et *vice versâ* ; donc la résolution d'un triangle dans lequel la somme de deux côtés est égale à 180° revient à celle d'un triangle isoscèle, et par suite à celle d'un triangle rectangle.

4° La même chose peut se dire d'un triangle sphérique dans lequel deux angles sont supplémens l'un de l'autre ; car on ne peut pas avoir $a+b = 180°$ sans avoir en même temps $A + B = 180°$, et *vice versâ*. En effet, dans le triangle isoscèle ACD, l'angle $CAD = D = B$: or $CAD + CAB = 180°$; donc aussi, dans le triangle ABC, on doit avoir $A + B = 180°$.

Résolution des triangles sphériques quelconques.

112. PREMIER CAS. *Étant donnés les trois côtés* a, b, c, *trouver les angles* A, B, C.

Pour avoir A, par exemple, de l'équation [1] n° 96 on tire

$$\cos A = \frac{\cos a - \cos b \cos c}{\sin b \sin c} ;$$

mais on obtient une expression mieux appropriée aux logarithmes en cherchant $\sin \frac{1}{2} A, \cos \frac{1}{2} A$, ou $\tang \frac{1}{2} A$, comme on l'a fait pour les triangles rectilignes. Prenons donc la formule $2 \sin^2 \frac{1}{2} A = 1 - \cos A$, (n° 31), et mettons-y la valeur de $\cos A$: on trouve

$$2 \sin^2 \frac{1}{2} A = 1 - \frac{\cos a - \cos b \cos c}{\sin b \sin c} = \frac{\cos b \cos c + \sin b \sin c - \cos a}{\sin b \sin c}$$

$$= \frac{\cos (b - c) - \cos a}{\sin b \sin c}.$$

Dans la formule connue $\cos q - \cos p = 2 \sin \frac{1}{2}(p + q)\sin \frac{1}{2}(p - q)$, faisons $p = a$ et $q = b - c$: il viendra $\cos(b - c) - \cos a = 2 \sin \frac{1}{2}(a + b - c)\sin \frac{1}{2}(a - b + c)$; donc

$$\sin \tfrac{1}{2} A = \sqrt{\frac{\sin \frac{1}{2}(a + b - c)\sin \frac{1}{2}(a - b + c)}{\sin b \sin c}}.$$

Pour abréger, posons $a + b + c = 2s$, on aura $a + b - c = 2(s - c)$, $a - b + c = 2(s - b)$; et par suite la formule précédente devient

$$\sin \tfrac{1}{2} A = \sqrt{\frac{\sin(s - b)\sin(s - c)}{\sin b \sin c}}.$$

De même, $\qquad \cos \tfrac{1}{2} A = \sqrt{\dfrac{\sin s \sin(s - a)}{\sin b \sin c}}$;

et par suite, $\qquad \tang \tfrac{1}{2} A = \sqrt{\dfrac{\sin(s - b)\sin(s - c)}{\sin s \sin(s - a)}}$.

113. DEUXIÈME CAS. *Étant donnés deux côtés* a, b, *avec l'angle* A *opposé à l'un d'eux, trouver* c, B, C.

On obtient d'abord l'angle B, opposé à b, par la proportion

$$\sin a : \sin b :: \sin A : \sin B, \quad \text{d'où} \quad \sin B = \frac{\sin A \sin b}{\sin a}.$$

Ensuite, le mieux sera de déterminer c et C par les analogies de NÉPER (101), lesquelles donnent

$$\tang \tfrac{1}{2} c = \tang \tfrac{1}{2}(a - b)\frac{\sin \frac{1}{2}(A + B)}{\sin \frac{1}{2}(A - B)},$$

$$\cot \tfrac{1}{2} C = \tang \tfrac{1}{2}(A - B)\frac{\sin \frac{1}{2}(a + b)}{\sin \frac{1}{2}(a - b)}.$$

L'élément B étant déterminé par son sinus, cet angle peut être aigu ou obtus. Cependant, pour certaines valeurs des données a, b, A, il n'existe qu'un seul triangle. Nous reviendrons dans un article à part (118) sur cette discussion, analogue à celle qui a été faite sur le second cas des triangles rectilignes (75).

On peut aussi trouver C directement par l'équation [5] n° 98,

$$\cot A \sin C + \cos b \cos C = \cot a \sin b.$$

A cet effet, déterminons d'abord un angle auxiliaire φ en posant cot $A = \cos b \cot \varphi$, d'où

$$\cot \varphi = \frac{\cot A}{\cos b};$$

puis, dans l'équation $\cot A \sin C + \ldots\ldots$, substituons la valeur $\cot A = \cos b \cot \varphi = \dfrac{\cos b \cos \varphi}{\sin \varphi}$, ce qui donne

$$\cos b (\sin C \cos \varphi + \cos C \sin \varphi) = \cot a \sin b \sin \varphi.$$

De là on peut tirer

$$\sin (C + \varphi) = \frac{\tan b \sin \varphi}{\tan a};$$

donc on connaîtra $C + \varphi$. Soit $C + \varphi = m$, on aura $C = m - \varphi$.

Après avoir trouvé C, on obtient le côté c par la proportion $\sin A : \sin C :: \sin a : \sin c$. Mais, si on veut calculer c directement, il faut recourir à l'équation [1] du n° 96,

$$\cos b \cos c + \cos A \sin b \sin c = \cos a.$$

On réduit, comme plus haut, le premier membre à un seul terme, au moyen d'un angle auxiliaire φ, en posant $\cos A \sin b = \cos b \cot \varphi$, d'où

$$\cot \varphi = \cos A \tan b.$$

Par suite l'équation devient $\cos b (\sin \varphi \cos c + \cos \varphi \sin c) = \cos a \sin \varphi$, d'où

$$\sin (c + \varphi) = \frac{\cos a \sin \varphi}{\cos b};$$

donc, après avoir calculé φ, on aura facilement c.

114. TROISIÈME CAS. *Étant donnés deux côtés* a *et* b, *avec l'angle compris* C, *trouver* A, B, c.

Les formules [5] et [6] du n° 98 donnent, pour A et B,

$$\cot A = \frac{\cot a \sin b - \cos b \cos C}{\sin C}, \quad \cot B = \frac{\cot b \sin a - \cos a \cos C}{\sin C}.$$

En employant des angles auxiliaires, il est facile de réduire chaque numérateur à un monôme. Mais il est plus simple de recourir aux analogies de Néper (101),

$$\tan\tfrac{1}{2}(A+B) = \cot\tfrac{1}{2}C \; \frac{\cos\tfrac{1}{2}(a-b)}{\cos\tfrac{1}{2}(a+b)},$$

$$\tan\tfrac{1}{2}(A-B) = \cot\tfrac{1}{2}C \; \frac{\sin\tfrac{1}{2}(a-b)}{\sin\tfrac{1}{2}(a+b)}.$$

Elles font connaître $\tfrac{1}{2}(A+B)$ et $\tfrac{1}{2}(A-B)$, et par suite **A** et **B**.

Une fois ces angles trouvés, on obtient c par la proportion $\sin A : \sin C :: \sin a : \sin c$. Mais si on veut avoir c directement, on prendra (96) la formule

$$\cos c = \cos a \cos b + \sin a \sin b \cos C,$$

dans laquelle on fera $\sin b \cos C = \dfrac{\cos b \cos \varphi}{\sin \varphi} = \cos b \cot \varphi$. Alors il viendra, sans aucune ambiguïté,

$$\cot \varphi = \tan b \cos C, \quad \cos c = \frac{\cos b \sin (a+\varphi)}{\sin \varphi}.$$

115. **Quatrième cas.** *Étant donnés deux angles* A *et* B *avec le côté adjacent* c, *trouver* a, b, C.

On peut trouver a et b par les formules [7] et [9] du n° 98,

$$\cot a = \frac{\cot A \sin B + \cos B \cos c}{\sin c}, \quad \cot b = \frac{\cos B \sin A + \cos A \cos c}{\sin c};$$

et mieux encore les analogies de Néper

$$\tan\tfrac{1}{2}(a+b) = \tan\tfrac{1}{2}c \; \frac{\cos\tfrac{1}{2}(A-B)}{\cos\tfrac{1}{2}(A+B)},$$

$$\tan\tfrac{1}{2}(a-b) = \tan\tfrac{1}{2}c \; \frac{\sin\tfrac{1}{2}(A-B)}{\sin\tfrac{1}{2}(A+B)}.$$

Ensuite on a C par la proportion $\sin a : \sin c :: \sin A : \sin C$. Si on veut avoir C directement, on prendra (99) la formule

$$\cos C = \sin A \sin B \cos c - \cos A \cos B,$$

on posera $\sin B \cos c = \cos B \cot \varphi$, et il viendra

$$\cot \varphi = \tan B \cos c, \quad \cos C = \frac{\cos B \sin (A-\varphi)}{\sin \varphi}.$$

Ce cas est analogue au troisième, et n'offre aucune ambiguïté.

116. CINQUIÈME CAS. *Étant donnés deux angles* A *et* B *avec le côté*
a *opposé à l'un d'eux, trouver* b, c, C.

Ce cas est tout-à-fait analogue au second, il se traite de même et
présente les mêmes ambiguités.

On déduit b de la proportion $\sin A : \sin B :: \sin a : \sin b$; et on trouve
c et C par les formules, déjà employées (113),

$$\tan \tfrac{1}{2} c = \tan \tfrac{1}{2} (a - b) \frac{\sin \tfrac{1}{2} (A + B)}{\sin \tfrac{1}{2} (A - B)},$$

$$\cot \tfrac{1}{2} C = \tan \tfrac{1}{2} (A - B) \frac{\sin \tfrac{1}{2} (a + b)}{\sin \tfrac{1}{2} (a - b)}.$$

Le côté c s'obtient aussi par l'équation [7], n° 98,

$$\cot a \sin c - \cos B \cos c = \cot A \sin B,$$

dans laquelle on fait $\cot a = \cos B \cot \varphi$; et par là il vient

$$\cot \varphi = \frac{\cot a}{\cos B}, \quad \sin (c - \varphi) = \frac{\tan B \sin \varphi}{\tan A}.$$

Enfin, on peut aussi connaître C en posant $\sin a : \sin c ::$
$\sin A : \sin C$; ou bien (99) au moyen de l'équation

$$\cos a \sin B \sin C - \cos B \cos C = \cos A.$$

On réduit d'abord le premier membre a un monome, en posant
$\cos a \sin B = \cos B \cot \varphi$; et il en résulte

$$\cot \varphi = \cos a \tan B, \quad \sin (C - \varphi) = \frac{\cos A \sin \varphi}{\cos B}$$

Ces valeurs déterminent φ, C $- \varphi$, et par suite l'angle C.

117. SIXIÈME ET DERNIER CAS. *Étant donnés les trois angles* A, B, C,
trouver les côtés a, b, c.

Ce cas se résout par des calculs semblables à ceux du premier. Par
exemple, pour avoir a, on se sert de l'équation [11] n° 99, laquelle
donne d'abord

$$\cos a = \frac{\cos A + \cos B \cos C}{\sin B \sin C}.$$

Ensuite, par les transformations employées dans le cas cité, on
trouve les expressions de $\sin \tfrac{1}{2} a$, $\cos \tfrac{1}{2} a$, $\tan \tfrac{1}{2} a$, lesquelles sont plus

commodes pour le calcul logarithmique. En posant $A + B + C = 180° + 2S$, ces expressions sont

$$\sin \tfrac{1}{2} a = \sqrt{\frac{\sin S \sin (A - S)}{\sin B \sin C}}.$$

$$\cos \tfrac{1}{2} a = \sqrt{\frac{\sin (B - S)\sin (C - S)}{\sin B \sin C}},$$

$$\tan \tfrac{1}{2} a = \sqrt{\frac{\sin S \sin (A - S)}{\sin (B - S)\sin (C - S)}}.$$

Si les trois derniers cas ont une si grande analogie avec les trois premiers, c'est qu'en effet ils peuvent s'y ramener par les propriétés du triangle polaire (100).

Sur les cas douteux des triangles sphériques.

118. Les seuls cas dans lesquels il y ait incertitude sur l'espèce des élémens inconnus sont le second et le cinquième. Je me propose, dans cet article, de rechercher à quels symptômes on reconnaîtra qu'il doit y avoir deux solutions ou une seule, ou même que le triangle est impossible ; et pour cela je vais établir d'abord plusieurs propositions sur lesquelles je m'appuierai.

Considérons sur une sphère un demi-cercle DCD′ (fig. 31) perpendiculaire à un cercle entier DHD′, prenons CD < 90°, et menons des arcs de grand cercle CB, CB′, CH,... du point C aux différens points de la circonférence DHD′. Prolongeons CD d'une quantité égale C′D, et joignons C′B. Les triangles CDB, C′DB ont un angle droit compris entre côtés égaux ; donc CB = C′B. Or on a CDC′ < CB + BC′ ; donc CD < CB. Donc 1° *l'arc CD est le plus petit qu'on puisse mener du point C à la circonférence DHD′* ; *et par suite CD′ est le plus grand.*

Soit DB′ = DB : les triangles CDB, CDB′ ont aussi un angle droit compris entre côtés égaux ; donc CB′ = CB. Donc 2° *les arcs obliques également éloignés de CD, ou de CD′, sont égaux.*

Enfin soit DH > DB : menons C′H, et prolongeons CB jusqu'à sa rencontre I avec C′H. Puisque l'arc CC′ est moindre qu'un demi-cercle, il doit être rencontré par le prolongement de CB, au-delà du point C′, ce qui exige que l'intersection I se fasse entre H et C′. On a donc

$C'B < C'I + IB$, et par suite $C'B + BC < C'I + IC$. Mais on a
$IC < IH + HC$, et par suite $C'I + IC < C'H + HC$; donc à plus
forte raison $C'B + BC < C'H + HC$. Or $C'B = BC$ et $C'H = HC$;
donc on a $BC < HC$. Donc 3° *les arcs obliques sont d'autant plus
grands qu'ils s'écartent davantage de* CD, *ou qu'ils se rapprochent
davantage de* CD'.

119. Maintenant supposons qu'on veuille construire un triangle
sphérique avec deux côtés donnés a, b, et l'angle A opposé à a.

D'abord je remarquerai que certains cas d'impossibilité sont indiqués par le calcul même. Pour les faire connaître, je fais (fig. 32 et
33) l'angle CAB $=$ A et AC $=$ b, je prolonge AC, AB, jusqu'à leur
intersection E, puis j'abaisse CD perpendiculaire sur AE. L'arc CD
doit être de même espèce que l'angle A (103); donc lorsque A est
aigu, CD est la plus courte distance du point C à la demi-circonférence AE, et c'est la plus grande lorsque A est obtus (118, 1°). Dans
la première hypothèse, le triangle sera impossible si l'on a $a < $CD,
ce qui donne $\sin a < \sin$ CD; et dans la seconde il sera impossible si
l'on a $a > $CD, ce qui donne encore $\sin a < \sin$ CD. Or, dans le triangle rectangle ACD, on a

$$1 : \sin b :: \sin A : \sin CD = \sin b \sin A;$$

donc dans les deux hypothèses, on aurait $\sin a < \sin b \sin A$. D'un
autre côté, quand on cherche l'angle B du triangle inconnu ABC, on a

$$\sin a : \sin A :: \sin b : \sin B = \frac{\sin b \sin A}{\sin a};$$

donc cette valeur de $\sin$ B serait > 1, ce qui indique une impossibilité évidente.

Si l'on donnait $a = $CD, il n'y aurait que le seul triangle rectangle ACD qui fût possible; et c'est ce qu'indique encore la valeur
de $\sin$ B, laquelle devient $\sin$ B $= 1$.

120. Laissant donc ces cas de côté, examinons les différentes relations de grandeur que peuvent présenter les données a, b, A.

Soit A $< 90°$ et $b < 90°$ (fig. 32). Puisque A et b sont $< 90°$, AD
est aussi $< 90°$ (103); donc AD $<$ DE. Cela posé, si l'on a en outre
$a < b$, il est clair qu'on peut placer entre CA et CD un arc CB $= a$,

et que de l'autre côté, entre CD et CE, on peut en placer un autre CB′ = CB = a : c'est-à-dire qu'il existe deux triangles ACB et ACB′, construits avec les mêmes données a, b, A. Lorsque $a = b$, le triangle ACB disparaît, et il ne reste que ACB′. Quand on a $a + b = 180°$ ou $a + b > 180°$, le point B′ vient en E ou passe au-delà, et alors il n'y a plus de triangle.

On discute de la même manière les autres hypothèses. Les résultats sont tous compris dans le tableau suivant. Le signe $\geqslant$ veut dire *égal à ou plus grand que* ; $\leqslant$ signifie *égal à ou moindre que.*

$$A < 90° \begin{cases} b < 90° & \begin{cases} a < b & \text{deux solutions.} \\ a \geqslant b & \text{une solution, } \quad \text{à moins qu'on n'ait} \\ & \qquad\qquad\qquad\quad a + b \geqslant 180° \\ a + b \geqslant 180° & \text{aucune.} \end{cases} \\[2em] b > 90° & \begin{cases} a + b < 180° & \text{deux solutions.} \\ a + b \geqslant 180° & \text{une solution, } \quad \text{à moins qu'on n'ait} \\ & \qquad\qquad\qquad\qquad a \geqslant b. \\ a \geqslant b & \text{aucune.} \end{cases} \\[2em] b = 90° & \begin{cases} a < b & \text{deux solutions.} \\ a \geqslant b & \text{aucune.} \end{cases} \end{cases}$$

$$A > 90° \begin{cases} b < 90° & \begin{cases} a + b > 180° & \text{deux solutions.} \\ a + b \leqslant 180° & \text{une solution, } \quad \text{à moins qu'on n'ait} \\ & \qquad\qquad\qquad\qquad a \leqslant b. \\ a \leqslant b & \text{aucune.} \end{cases} \\[2em] b > 90° & \begin{cases} a > b & \text{deux solutions.} \\ a \leqslant b & \text{une solution, } \quad \text{à moins qu'on n'ait} \\ & \qquad\qquad\qquad\quad a + b \leqslant 180°. \\ a + b \leqslant 180° & \text{aucune.} \end{cases} \\[2em] b = 90° & \begin{cases} a > b & \text{deux solutions.} \\ a \leqslant b & \text{aucune.} \end{cases} \end{cases}$$

$$A = 90° \begin{cases} b < 90° & \begin{cases} a > b & \text{une solution, } \quad \text{à moins qu'on n'ait} \\ & \qquad\qquad\qquad\quad a + b \geqslant 180°. \\ a \leqslant b & \text{aucune.} \\ a + b \geqslant 180° & \text{aucune.} \end{cases} \\[2em] b > 90° & \begin{cases} a < b & \text{une solution, } \quad \text{à moins qu'on n'ait} \\ & \qquad\qquad\qquad\quad a + b \leqslant 180°. \\ a \geqslant b & \text{aucune.} \\ a + b \leqslant 180° & \text{aucune.} \end{cases} \\[2em] b = 90° & \begin{cases} a = 90° & \text{infinité de solutions.} \\ a < \text{ou} > 90° & \text{aucune.} \end{cases} \end{cases}$$

6

121. La propriété du triangle polaire permet d'appliquer ces résultats au triangle dont on donne les élémens A, B, a, ce qui est le cinquième cas (116). Seulement il faut changer partout a, b, A, en A, B, a, le signe $>$ en $<$, et $<$ en $>$.

Lorsque les données tombent dans l'un des cas où l'on ne doit avoir qu'une seule solution, le calcul ne laisse pas que d'en indiquer deux. Mais pour discerner celle qui doit être conservée, il suffira d'observer que les plus grands angles doivent être opposés aux plus grands côtés, et réciproquement.

Supposons que les données soient A$=112°$, a$=102°$, b$=106°$. Dans le tableau précédent, parmi les cas correspondans à A$>90°$, je considère ceux où l'on a b$>90°$, et parmi ceux-ci je remarque celui où l'on a a $\not< b$. J'observe en outre qu'on a a$+b=208°$; donc a$+b>180°$. Alors je conclus, d'après le tableau, qu'il n'y a qu'une solution : et, puisque b est $>a$, l'angle B est $>$A, donc B est obtus.

Application de la trigonométrie sphérique.

122. EXEMPLE I (fig. 34). *Réduire un angle à l'horizon.*

Soit BAC un angle situé dans un plan incliné, et AD la verticale qui passe au sommet A. Menez à volonté le plan horizontal MN qui rencontre les lignes AB, AC, AD, en E, F, G : l'angle EGF est la *projection horizontale* de l'angle BAC, ou, en d'autres termes, c'est l'angle BAC *réduit à l'horizon.* C'est cet angle EGF qu'il s'agit de calculer, en supposant connus les angles BAC, BAD, CAD, qu'on mesure avec l'instrument.

La solution graphique serait aisée : car la ligne AG étant arbitraire, on aura les données suffisantes pour construire d'abord les triangles rectangles EAG et FAG, puis le triangle EAF, puis enfin le triangle EGF.

Le calcul de l'angle EGF est également facile. Si on décrit une sphère du centre A avec un rayon quelconque, les droites AB, AC, AD, déterminent un triangle sphérique BCD, dont les côtés sont connus en degrés au moyen des angles donnés, et dont l'angle BDC n'est autre que l'angle cherché EGF. C'est donc par le premier cas des triangles sphériques quelconques que la question sera résolue (112) : c'est-à-dire qu'on prendra la formule

$$\sin \tfrac{1}{2} A = \sqrt{\frac{\sin (s-b) \sin (s-c)}{\sin b \sin c}},$$

et qu'on fera $a = BAC$, $b = BAD$, $c = CAD$, $s = \tfrac{1}{2}(a+b+c)$.
Soient $a = 47^\circ 45' 39''$, $b = 69^\circ 49' 19''$, $c = 80^\circ 17' 36''$. On aura $2s = 197^\circ 52' 34''$, $s = 98^\circ 56' 17''$, $s - b = 27^\circ 6' 58''$, $s - c = 18^\circ 38' 41''$, et on fera le calcul suivant :

$$
\begin{aligned}
&\text{L. } \sin (s-b) \ldots\ldots\ldots\ldots\ldots && 9,6871552 \\
&\text{L. } \sin (s-c) \ldots\ldots\ldots\ldots\ldots && 9,5047412 \\
&\text{L}'. \sin b \ldots\ldots\ldots\ldots\ldots && 0,0275078 \\
&\text{L}'. \sin c \ldots\ldots\ldots\ldots\ldots && 0,0062623 \\
\hline
&2\text{L. } \sin \tfrac{1}{2} A \ldots\ldots\ldots\ldots\ldots && 19,2256665 \\
&\text{L. } \sin \tfrac{1}{2} A \ldots\ldots\ldots\ldots\ldots && 9,6128332 \\
&\tfrac{1}{2} A = 24^\circ 12' 27'',9 \\
&A = 48^\circ 24' 56''.
\end{aligned}
$$

123. EXEMPLE II (fig. 35). *Étant données les latitudes et les longitudes de deux points du globe, trouver la distance de ces deux points.*

Soient A et B les deux points. Supposons que QR soit l'équateur, C le pôle boréal, et CED, CFD, les méridiens des points A et B. Enfin, supposons encore que les longitudes se comptent à partir du point P dans le sens PEF.

La différence des longitudes, PF—PE, est égale à l'arc EF ou à l'angle C compris entre les deux méridiens ; et les arcs AC, BC, sont les complémens des latitudes données AE, BF. Ainsi, dans le triangle sphérique ABC, on connaît l'angle C avec les côtés qui le comprennent, et il s'agit de calculer le troisième côté AB : or, d'après le n° 114, AB ou c est déterminé par les formules

$$\cot \varphi = \tang b \cos C, \qquad \cos c = \frac{\cos b \sin (a+\varphi)}{\sin \varphi}.$$

Supposons qu'on demande la distance de Brest à Cayenne. Dans l'annuaire du bureau des longitudes, pour 1828, on trouve

Long. de Brest $\quad = \quad 6^\circ 49' 0''$, Lat. $= 48^\circ 23' 14''$;
Long. de Cayenne $\;= 54^\circ 35' 0''$, Lat. $= 4^\circ 56' 15''$.

Les deux longitudes sont occidentales, et comptées à partir du méridien de Paris ; les deux latitudes sont boréales.

En conséquence de ces données, on trouvera d'abord

$$C = 54° 35' — 6° 49' = 47° 46',$$
$$a = 90° — 48°23' 14'' = 41° 36' 46'',$$
$$b = 90° — 4°56' 15'' = 85° 3' 45''.$$

Après quoi on cherche c comme il suit :

Calcul de l'auxiliaire φ.	Calcul du côté c.
L. cos C 9,8274671	L. cos b 8,9348468
L. tang b 11,0635386	L. sin $(a + \varphi)$ 9,8773621
L. cot φ 10,8910057	L'. sin φ 08945642
$\varphi = 7° 19' 26''$	L. cos c 9,7067731
$a + \varphi = 48° 56' 12''.$	$c = 59° 23' 54'',38.$

Ainsi, l'arc qui mesure la distance entre Brest et Cayenne est de 59° 23' 54'',38. Pour l'évaluer en myriamètres, il faut se rappeler que le quart du méridien terrestre vaut 10 000 000 mét. ou 1000 myr. Alors on fera la proportion

$$90° : 59° 23' 54'',38 :: 1000 : x ;$$

et, en réduisant les arcs en secondes, on trouvera

$$x = \frac{213834,38 \times 1000}{324000} = 659^{\text{myr}},983.$$

Cette dernière évaluation eût été plus facile si l'arc c eût été exprimé en degrés centésimaux. Par exemple, soit dans cette division un arc de 37° 45' 69'' : en le rapportant au quadrant il sera exprimé par 0,374569, et, en multipliant ce nombre par la valeur du quadrant en myriamètres, on trouve sur-le-champ, par le simple déplacement de la virgule, 374^{\text{myr}},569.

Je ne présenterai point ici un plus grand nombre d'exemples : les applications de la trigonométrie doivent être étudiées dans les ouvrages qui leur sont spécialement consacrés.

CHAPITRE III.

DE QUELQUES FORMULES QUI SERVENT DANS LES MATHÉMATIQUES ÉLEVÉES. DÉVELOPPEMENT DU SINUS ET DU COSINUS EN SÉRIES. RÉSOLUTION DE L'ÉQUATION BINOME ET DE L'ÉQUATION DU 3e DEGRÉ.

Formule de MOIVRE. Sens multiple qu'on y doit remarquer.

124. Cette formule, à laquelle on attache le nom du géomètre français qui l'a découverte, est la suivante :

$$[A] \qquad (\cos\varphi + \sqrt{-1}\sin\varphi)^n = \cos n\varphi + \sqrt{-1}\sin n\varphi.$$

Elle exprime que, pour élever le binome $\cos\varphi + \sqrt{-1}\sin\varphi$ à une puissance quelconque, il suffit de multiplier l'arc φ par l'exposant de cette puissance. On peut y mettre indifféremment $+$ ou $-$ devant $\sqrt{-1}$: car cela revient à changer φ en $-\varphi$.

Le cas où l'exposant est entier positif est le seul dont j'aurai besoin dans la suite : c'est celui que je vais considérer d'abord. Par la multiplication on trouve

$$(\cos\varphi + \sqrt{-1}\sin\varphi)\,(\cos\psi + \sqrt{-1}\sin\psi) =$$

$$\cos\varphi\cos\psi - \sin\varphi\sin\psi + \sqrt{-1}\,(\sin\varphi\cos\psi + \cos\varphi\sin\psi).$$

Or, d'après les formules connues [26], la partie réelle de ce produit est égale à $\cos(\varphi+\psi)$, et la partie imaginaire à $\sqrt{-1}\sin(\varphi+\psi)$; donc

$$(\cos\varphi + \sqrt{-1}\sin\varphi)\,(\cos\psi + \sqrt{-1}\sin\psi) =$$

$$\cos(\varphi+\psi) + \sqrt{-1}\sin(\varphi+\psi).$$

C'est-à-dire qu'en multipliant entre elles deux expressions de la forme $\cos\varphi + \sqrt{-1}\sin\varphi$, on obtient encore une expression semblable, dans laquelle les deux arcs sont ajoutés entre eux. Pour multiplier le produit par un nouveau facteur de même forme, il suffira donc d'ajouter encore le nouvel arc aux deux autres, et ainsi de suite, quel que soit le nombre des facteurs. Donc, si on suppose qu'il y ait n facteurs, tous égaux à $\cos\phi + \sqrt{-1}\sin\phi$, il viendra

[1] $(\cos\phi + \sqrt{-1}\sin\phi)^n = \cos n\phi + \sqrt{-1}\sin n\phi.$

Considérons le cas où l'exposant est fractionnaire. En remplaçant ϕ par $\frac{\phi}{n}$, la formule [1] donne

$$\left(\cos\frac{\phi}{n} + \sqrt{-1}\sin\frac{\phi}{n}\right)^n = \cos\phi + \sqrt{-1}\sin\phi;$$

Puis, en extrayant la racine $n^{ème}$, et mettant un exposant fractionnaire au lieu d'un radical, la formule [A] se trouvera démontrée pour l'exposant $\frac{1}{n}$; car on aura

[2] $(\cos\phi + \sqrt{-1}\sin\phi)^{\frac{1}{n}} = \cos\frac{\phi}{n} + \sqrt{-1}\sin\frac{\phi}{n}.$

En général, l'expression $A^{\frac{m}{n}}$ signifie qu'on doit faire la puissance m de a, et extraire ensuite la racine $n^{ème}$ du résultat. En conséquence, si j'élève $\cos\phi + \sqrt{-1}\sin\phi$ à la puissance m par la formule [1], et si ensuite j'extrais la racine $n^{ème}$ par la formule [2], il viendra

[3] $(\cos\phi + \sqrt{-1}\sin\phi)^{\frac{m}{n}} = \cos\frac{m\phi}{n} + \sqrt{-1}\sin\frac{m\phi}{n}.$

C'est la formule [A] dans laquelle n est changé en une fraction positive quelconque $\frac{m}{n}$.

Enfin, quand l'exposant est négatif, on observe que

$$(\cos n\phi + \sqrt{-1}\sin n\phi)(\cos n\phi - \sqrt{-1}\sin n\phi) =$$
$$\cos^2 n\phi + \sin^2 n\phi = 1;$$

et de là on tire

$$\frac{1}{\cos n\phi + \sqrt{-1}\sin n\phi} = \cos n\phi - \sqrt{-1}\sin n\phi,$$

ou, ce qui est la même chose,

[4] $(\cos\phi + \sqrt{-1}\sin\phi)^{-n} = \cos(-n\phi) + \sqrt{-1}\sin(-n\phi).$

Ainsi la formule [A] est vraie, quand on prend pour n un nombre quelconque positif ou négatif.

J'ai laissé de côté les exposans irrationels, attendu qu'ils n'offrent aucun sens, à moins qu'on ne les remplace par des nombres commensurables, qui d'ailleurs peuvent en différer aussi peu qu'on voudra. Et quant aux exposans imaginaires, ils ne sont en eux-mêmes susceptibles d'aucune interprétation.

125. La formule [A], qui est si simple et si élégante, a un défaut bien grave, quand l'exposant est une fraction. En effet, le premier membre étant alors égal à un radical, doit avoir plusieurs valeurs, et cependant le second membre n'en présente qu'une seule. Les explications qui suivent ont pour objet de corriger cette imperfection.

Revenons à la formule [2], dans laquelle n est un nombre entier positif. D'après les principes de l'algèbre, le premier membre, qui équivaut à $\sqrt[n]{\cos\varphi + \sqrt{-1}\sin\varphi}$, doit alors avoir n valeurs différentes ; et pour que le second les donne toutes, je vais montrer qu'il suffit d'y remplacer φ par tous les arcs qui ont même sinus et même cosinus que φ lui-même.

L'expression générale de ces arcs est $\varphi + k\mathrm{C}$, C désignant la circonférence entière, et k un nombre entier quelconque positif ou négatif. En mettant $\varphi + k\mathrm{C}$ au lieu de x, le second membre de la formule [2] devient

$$[5] \qquad \cos\frac{\varphi + k\mathrm{C}}{n} + \sqrt{-1}\sin\frac{\varphi + k\mathrm{C}}{n};$$

et, dans cet état, je dis qu'il a précisément les mêmes valeurs que le premier membre.

D'abord, puisque n est entier, il est clair, en vertu de la formule [1], qu'en élevant ce second membre à la puissance n, on retombe sur $\cos\varphi + \sqrt{-1}\sin\varphi$.

En second lieu, si on y fait successivement $k = 0$, $k = 1$, $k = 2, \ldots$ $k = n - 1$, on obtient n valeurs différentes. En effet, soient deux quelconques de ces valeurs,

$$\cos\frac{\varphi + \alpha\mathrm{C}}{n} + \sqrt{-1}\sin\frac{\varphi + \alpha\mathrm{C}}{n} \text{ et } \cos\frac{\varphi + \beta\mathrm{C}}{n} + \sqrt{-1}\sin\frac{\varphi + \beta\mathrm{C}}{n}.$$

dans lesquelles α et β sont des nombres entiers $< n$. Pour qu'elles fussent égales, il faudrait qu'il y eût séparément égalité entre les parties réelles, et égalité entre les parties imaginaires ; donc la différence des deux arcs $\dfrac{\phi + \alpha C}{n}$ et $\dfrac{\phi + \beta C}{n}$ devrait être égale à une ou plusieurs circonférences : or cette différence, qui est $\dfrac{(\alpha - \beta)C}{n}$, est moindre que C, attendu que α et β sont $< n$.

En troisième lieu, si on prend pour k d'autres nombres que o, I, 2,…$n - 1$, on ne trouvera point de nouvelles valeurs. En effet, tous les autres nombres entiers, positifs ou négatifs, peuvent se représenter par la formule $n\gamma + n'$, γ étant un nombre entier quelconque positif ou négatif, et n' un nombre entier positif $< n$: or, en faisant $k = n\gamma + n'$, l'expression [5] devient

$$\cos\left(\gamma C + \frac{\phi + n'C}{n}\right) + \sqrt{-1}\,\sin\left(\gamma C + \frac{\phi + n'C}{n}\right),$$

ou bien, en supprimant les circonférences inutiles,

$$\cos\frac{\phi + n'C}{n} + \sqrt{-1}\,\sin\left(\frac{\phi + n'C}{n}\right);$$

et comme n' est un nombre positif $< n$, cette valeur est comprise parmi celles qu'on a obtenues en posant $k = $o, I, 2,…$n - 1$.

Ainsi, le second membre de la formule [2] acquerra toute la généralité qu'il doit avoir, si on a soin d'y prendre, pour l'arc ϕ, non-seulement cet arc ϕ lui-même, mais encore les arcs $\phi + C$, $\phi + 2C$,… $\phi + (n-1)C$.

La formule [3] doit aussi être interprétée d'une manière analogue. On l'a trouvée en élevant $\cos\phi + \sqrt{-1}\,\sin\phi$ à la puissance m, et en extrayant la racine $n^{\text{ème}}$ du résultat. Or, la formule [1], relative au cas de l'exposant entier positif, donne d'abord $(\cos\phi + \sqrt{-1}\,\sin\phi)^m = \cos m\phi + \sqrt{-1}\,\sin m\phi$; et ensuite, pour la racine $n^{\text{ème}}$, la formule [2] donne

$$(\cos\phi + \sqrt{-1}\,\sin\phi)^{\frac{m}{n}} = \cos\frac{m\phi}{n} + \sqrt{-1}\,\sin\frac{m\phi}{n}.$$

Mais pour que le second membre ait la même extension que le premier, il faut, d'après ce qu'on vient d'expliquer, y mettre $m\phi + kC$

au lieu de $m\phi$, ou, ce qui est la même chose, y remplacer $m\phi$ successivement par $m\phi$, $m\phi + C$, $m\phi + 2C$, ... $m\phi + (n-1)C$ (*).

Quelques explications sont encore nécessaires quand on veut employer la formule [3] pour extraire la racine $n^{ème}$ de l'expression $\cos\phi + \sqrt{-1}\sin\phi$, et élever ensuite cette racine à la puissance m. Si la fraction $\frac{m}{n}$ est irréductible, on peut se servir immédiatement de la formule [3] : car, lorsque les nombres m et n sont premiers entre eux, l'algèbre démontre que $\left(\sqrt[n]{A}\right)^m = \sqrt[n]{A^m} = A^{\frac{m}{n}}$. Mais si la fraction $\frac{m}{n}$ est réductible, et que sa plus simple expression soit $\frac{p}{q}$, on démontre que $\left(\sqrt[n]{A}\right)^m = \sqrt[q]{A^p} = A^{\frac{p}{q}}$; donc pour faire usage de la formule [3], il faut préalablement y réduire la fraction $\frac{m}{n}$ à ses moindres termes, et l'écrire ainsi :

$$\left(\cos\phi + \sqrt{-1}\sin\phi\right)^{\frac{p}{q}} = \cos\frac{p\phi}{q} + \sqrt{-1}\sin\frac{p\phi}{q}.$$

Si on laissait subsister $\frac{m}{n}$ dans la formule, le premier membre serait équivalent à un radical du degré n, lequel aurait n valeurs différentes, tandis qu'il ne doit y en avoir qu'un nombre égal à q. Il est d'ailleurs inutile d'avertir qu'on doit, ainsi qu'il a été dit plus haut, sous-entendre le terme $+ kC$ à la suite de $p\phi$.

126. Quand les nombres m et n sont premiers entre eux, j'ai dit qu'on avait $\left(\sqrt[n]{A}\right)^m = \sqrt[n]{A^m}$: cela revient à dire que l'extraction de la racine et l'élévation à la puissance peuvent s'effectuer dans l'ordre

_____

(*) C'est pour plus de concision et d'élégance qu'on laisse l'arc $\frac{m\phi}{n}$ dans le second membre de la formule [3] : car l'exactitude exigerait qu'on y mît $\frac{m\phi + kC}{n}$. Par là on voit qu'il faut bien se garder de réduire la fraction $\frac{m}{n}$ à sa plus simple expression. D'ailleurs, cette réduction n'est pas plus permise dans le premier membre ; car on ne doit point y considérer l'exposant comme une fraction, mais bien comme une notation dans laquelle le numérateur m désigne une puissance qu'on doit former d'abord, et le dénominateur n, une racine qu'on doit extraire ensuite.

qu'on voudra. Extrayons d'abord la racine $n^{ème}$ de $\cos \phi + \sqrt{-1} \sin \phi$ par la formule [2]; puis faisons la puissance m par la formule [1] : il vient

$$\left(\sqrt[n]{\cos \phi + \sqrt{-1} \sin \phi} \right)^m = \cos \frac{m\phi}{n} + \sqrt{-1} \sin \frac{m\phi}{n} ;$$

et alors il faut concevoir que ϕ est remplacé dans le second membre par $\phi + kC$. Si, au contraire, on commence par faire la puissance m au moyen de la formule [1], et qu'ensuite on applique la formule [2] pour extraire la racine $n^{ème}$, il viendra

$$\sqrt[n]{(\cos \phi + \sqrt{-1} \sin \phi)^m} = \cos \frac{m\phi}{n} + \sqrt{-1} \sin \frac{m\phi}{n} ;$$

et alors c'est $m\phi$ qu'il faut remplacer par $m\phi + kC$. De là il résulte comme conséquence nécessaire que les deux expressions

$$\cos \frac{m(\phi + kC)}{n} + \sqrt{-1} \sin \frac{m(\phi + kC)}{n},$$

$$\cos \frac{m\phi + kC}{n} + \sqrt{-1} \sin \frac{m\phi + kC}{n},$$

dans lesquelles k est un nombre entier quelconque, doivent être parfaitement équivalentes, toutes les fois que m et n seront des nombres premiers entre eux. C'est au reste ce qu'on reconnaîtrait directement en posant successivement $k = 1, 2, 3,\dots (n-1)$ et en montrant que si on divise m, $2m$, $3m,\dots (n-1)m$ par n, tous les restes sont différens entre eux.

127. Ce qui précède montre quelles précautions on doit prendre en employant la formule de MOIVRE. Ordinairement, quand l'exposant y est un nombre fractionnaire $\frac{m}{n}$, on suppose, pour plus de simplicité, m et n premiers entre eux ; mais dans ce cas même il ne faut jamais négliger d'y regarder ϕ ou $m\phi$ comme devant être augmenté des différens multiples de la circonférence. Cette attention est surtout nécessaire dans la théorie connue sous le nom de *sections angulaires*. « Pour y avoir manqué, dit M. POINSOT, quelques auteurs n'ont pas prévenu certaines difficultés qu'on a trouvées dans cette branche d'analyse, et ceux qui les ont rencontrées ne les ont pas toujours résolues. »

Formules pour exprimer $\sin n\phi$ et $\cos n\phi$, $(\sin \phi)^n$ et $(\cos \phi)^n$.

128. Reprenons (124) la formule de Moivre

[1] $\cos n\phi + \sqrt{-1}\, \sin n\phi = (\cos \phi + \sqrt{-1}\, \sin \phi)^n$,

dans laquelle je supposerai n entier et positif. Changeons-y ϕ en $-\phi$, il vient

[2] $\cos n\, \phi - \sqrt{-1}\, \sin n\, \phi = (\cos \phi - \sqrt{-1}\, \sin \phi)^n$.

En ajoutant cette égalité à la précedente, et ensuite en la retranchant on trouve ces valeurs

[3] $\cos n\phi = \dfrac{(\cos \phi + \sqrt{-1}\, \sin \phi)^n + (\cos \phi - \sqrt{-1}\, \sin \phi)^n}{2}$,

[4] $\sin n\phi = \dfrac{(\cos \phi + \sqrt{-1}\, \sin \phi)^n - (\cos \phi - \sqrt{-1}\, \sin \phi)^n}{2\sqrt{-1}}$.

129. On peut effectuer les puissances par la formule du binome ; et, en supprimant les termes qui se détruisent, on obtient

[5] $\cos n\, \phi = \left(\cos \phi^{\,n}\right) - \dfrac{n\,(n-1)}{1.2}\left(\cos \phi\right)^{n-2}\left(\sin \phi\right)^2$

$\qquad + \dfrac{n\,(n-1)\,(n-2)\,(n-3)}{1.2.3.4}\left(\cos \phi\right)^{n-4}\left(\sin \phi\right)^4 - $ etc.

[6] $\sin n\phi = \dfrac{n}{1}\left(\cos \phi\right)^{n-1}\sin \phi - \dfrac{n\,(n-1)\,(n-2)}{1.2.3}\left(\cos \phi\right)^{n-3}\left(\sin \phi\right)^3$

$\qquad + \dfrac{n\,(n-1)\,(n-2)\,(n-3)\,(n-4)}{1.2.3.4.5}\left(\cos \phi\right)^{n-5}\left(\sin \phi\right)^5 - $ etc.

Ces formules expriment le sinus et le cosinus du multiple $n\phi$, en fonction de ceux de l'arc simple. La loi des termes y est évidente ; et, comme la formule du binome, de laquelle elles dérivent, elles doivent se prolonger jusqu'à ce qu'on trouve un terme nul.

On peut encore parvenir à ces formules au moyen de la seule équation [1]. En effet, le développement du second membre contiendra une partie réelle et une partie affectée de $\sqrt{-1}$; et, pour que l'équation subsiste, il faut que, dans les deux membres, les parties réelles soient égales entre elles, et les parties imaginaires égales entre elles, ce qui ramène aux deux formules.

130. Dans les applications élevées des mathématiques, on a souvent besoin d'exprimer $(\sin \phi)^n$ et $(\cos \phi)^n$ en fonction du sinus et du

cosinus des arcs multiples. Voici comment on y parvient lorsque n est entier positif, ce qui est le cas ordinaire.

Posons $\cos \varphi + \sqrt{-1} \sin \varphi = u$, $\cos \varphi - \sqrt{-1} \sin \varphi = v$. On aura $2 \cos \varphi = u + v$, $2\sqrt{-1} \sin \varphi = u - v$; donc $2^n (\cos \varphi)^n = (u+v)^n$, $(2\sqrt{-1})^n (\sin \varphi)^n = (u-v)^n$, ou, en développant les puissances,

$$[7] \qquad 2^n (\cos \varphi)^n = u^n + \frac{n}{1} u^{n-1}v + \frac{n(n-1)}{1.2} u^{n-2}v^2 + \text{etc.}$$

$$[8] \qquad (2\sqrt{-1})^n (\sin \varphi)^n = u^n - \frac{n}{1} u^{n-1}v + \frac{n(n-1)}{1.2} u^{n-2}v^2 - \text{etc.}$$

Pour le moment, ne considérons que la formule [7], et supposons d'abord que n soit un nombre impair $2m + 1$. Par ce qui a été dit en algèbre, on sait que les termes également éloignés des extrêmes ont des coefficiens égaux, et que le nombre des termes de la formule est $2m + 2$. Avec ces remarques, il est facile de voir qu'en prenant la deuxième moitié des termes dans un ordre inverse, et, en l'écrivant au-dessous de la première, on aura

$$2^n (\cos \varphi)^n = u^n + \frac{n}{1} u^{n-1}v \ldots + \frac{n(n-1)(n-2)..(m+2)}{1.2.3\ldots\ldots m} u^m + {}^1 v^m$$

$$+ v^n + \frac{n}{1} uv^{n-1} \ldots + \frac{n(n-1)(n-2)\ldots(m+2)}{1.2.3\ldots\ldots m} u^m v^m + {}^1,$$

ou bien, ce qui est la même chose,

$$2^n (\cos \varphi)^n = (u^n + v^n) + \frac{n}{1} uv\,(u^{n-2} + v^{n-2}) + \frac{n(n-1)}{1.2} u^2 v^2 (u^{n-4} + v^{n-4})$$

$$+ \frac{n(n-1)(n-2)\ldots(m+2)}{1.2.3\ldots\ldots m} u^m v^m (u+v).$$

Mais la formule de MOIVRE donne en général

$$u^k + v^k = (\cos \varphi + \sqrt{-1} \sin \varphi)^k + (\cos \varphi - \sqrt{-1} \sin \varphi)^k$$
$$= \cos k\varphi + \sqrt{-1} \sin k\varphi + \cos k\varphi - \sqrt{-1} \sin k\varphi = 2 \cos k\varphi;$$

et, d'ailleurs, les puissances du produit uv sont égales à 1, car on a

$$uv = (\cos \varphi + \sqrt{-1} \sin \varphi)(\cos \varphi - \sqrt{-1} \sin \varphi) = \cos^2 \varphi + \sin^2 \varphi = 1.$$

En conséquence de ces remarques, l'expression de $2^n (\cos \varphi)^n$ se simplifiera; et, en divisant tous les termes par 2, il viendra

$$[9] \qquad 2^{n-1}(\cos \varphi)^n = \cos n\varphi + \frac{n}{1} \cos(n-2)\varphi + \frac{n(n-1)}{1.2} \cos(n-4)\varphi$$

$$\ldots + \frac{n(n-1)(n-2)\ldots(m+2)}{1.2.3\ldots\ldots m} \cos \varphi.$$

Supposons en second lieu que n soit un nombre pair $2m$. La formule [7] aura $2m+1$ termes; et si on décompose le terme du milieu en deux autres, chacun égal à la moitié de ce terme, on trouvera, par des réductions semblables aux précédentes,

$$[10] \quad 2^{n-1}(\cos\varphi)^n = \cos n\varphi + \frac{n}{1}\cos(n-2)\varphi + \frac{n(n-1)}{1.2}\cos(n-4)\varphi$$
$$\dots + \frac{1}{2}\frac{n(n-1)(n-2)\dots(m+1)}{1.2.3\dots\dots m}.$$

Maintenant, considérons la formule [8]. Les termes sont affectés alternativement des signes $+$ et $-$; de sorte que si n est un nombre impair $2m+1$, les termes également éloignés des extrêmes auront des coefficiens égaux, mais des signes contraires. Par suite, en raisonnant comme pour la formule [7], il est facile de voir qu'on aura

$$(2\sqrt{-1})^{2m+1}(\sin\varphi)^{2m+1} = u^n - v^n + \frac{n}{1}uv(u^{n-2}-v^{n-2}) +$$
$$\frac{n(n-1)}{1.2}u^2v^2(u^{n-4}-v^{n-4})\dots - \frac{n(n-1)(n-2)\dots(m+2)}{1.2.3\dots\dots m}u^mv^m(u-v).$$

Pour opérer les réductions, on observera encore que $uv=1$, et qu'en général $u^k - v^k = 2\sqrt{-1}\sin k\varphi$. En conséquence les deux membres seront divisibles par $2\sqrt{-1}$, et il restera

$$[11] \quad (2\sqrt{-1})^{2m}(\sin\varphi)^{2m+1} = \sin n\varphi + \frac{n}{1}\sin(n-2)\varphi + \frac{n(n-1)}{1.2}\sin(n-4)\varphi$$
$$\dots + \frac{n(n-1)(n-2)\dots(m+2)}{1.2.3\dots\dots m}\sin\varphi.$$

Lorsque n est un nombre pair $2m$, les termes également éloignés des extrêmes, dans la formule [8], ont des coefficiens égaux et de même signe; et en raisonnant ici comme dans le cas analogue de la formule [7], on trouve facilement

$$[12] \quad (2\sqrt{-1})^{2m}(\sin\varphi)^{2m} = \cos n\varphi - \frac{n}{1}\cos(n-2)\varphi + \frac{n(n-1)}{1.2}\cos(n-4)\varphi$$
$$\dots \pm \frac{1}{2}\frac{n(n-1)(n-2)\dots(m+1)}{1.2.3\dots\dots m}.$$

Les formules [9], [10], [11], [12], sont celles que je voulais établir: elles servent à convertir les puissances d'un cosinus ou d'un sinus en une suite de termes dont chacun contient, au premier degré seulement, le sinus ou le cosinus d'un arc multiple.

On ne peut pas manquer d'observer que dans les deux dernières formules l'imaginaire $\sqrt{-1}$ étant élevé à une puissance paire devra donner un facteur réel égal à $+ 1$ ou $- 1$, selon que m sera pair ou impair. On doit remarquer aussi, pour la commodité du calcul, qu'en suivant la loi indiquée par les premiers termes, on doit s'arrêter dès qu'on en trouve un qui renferme un arc négatif, en ayant soin de ne prendre que la moitié du dernier quand il renferme l'arc zéro.

Développement du sinus et du cosinus en séries.

131. Voici comment EULER déduit des formules [5] et [6] du n° 129 les séries qui expriment le sinus et le cosinus en fonction de l'arc. On peut, sans que n cesse d'être entier, disposer de ϕ de manière que $n\phi$ soit égal à un arc quelconque x. Posons donc $n\phi = x$, on aura $n = \dfrac{x}{\phi}$, et par suite les formules pourront s'écrire ainsi :

$$[1]\ \cos x = \left(\cos \varphi\right)^n - \frac{x\,(x-\varphi)}{1.2}\left(\cos \varphi\right)^{n-2}\left(\frac{\sin \varphi}{\varphi}\right)^2$$
$$+ \frac{x\,(x-\varphi)\,(x-2\varphi)\,(x-3\varphi)}{1.2.3.4}\left(\cos \varphi\right)^{n-4}\left(\frac{\sin \varphi}{\varphi}\right)^4 - \text{etc.}$$

$$[2]\ \sin x = \frac{x}{1}\left(\cos \varphi\right)^{n-1}\left(\frac{\sin \varphi}{\varphi}\right) - \frac{x\,(x-\varphi)\,(x-2\varphi)}{1.2.3}\left(\cos \varphi\right)^{n-3}\left(\frac{\sin \varphi}{\varphi}\right)^3$$
$$+ \frac{x\,(x-\varphi)\,(x-2\varphi)\,(x-3\varphi)\,(x-4\phi)}{1.2.3.4.5}\left(\cos \varphi\right)^{n-5}\left(\frac{\sin \varphi}{\varphi}\right)^5 - \text{etc.}$$

Concevons que ϕ diminue jusqu'à zéro, le nombre n devra augmenter jusqu'à l'infini : alors les formules ci-dessus ne conserveront aucune trace de ϕ et de n, et elles ne contiendront plus que le seul arc x. C'est en effet ce qui doit arriver à des formules dont l'objet est d'exprimer le sinus et le cosinus d'un arc en fonction de cet arc. Quand ϕ devient zéro, on a $\cos \phi = 1$, et aussi $\dfrac{\sin \phi}{\phi} = 1$ (51). Admettons que les puissances de $\cos \phi$ et de $\dfrac{\sin \phi}{\phi}$ soient aussi alors toutes égales à l'unité, quelque grands que soient les exposans ; les formules ci-dessus deviennent

$$[3]\ \cos x = 1 - \frac{x^2}{1.2} + \frac{x^4}{1.2.3.4} - \frac{x^6}{1.2.3.4.5.6} + \text{etc.}$$

$$[4]\ \sin x = x - \frac{x^3}{1.2.3} + \frac{x^5}{1.2.3.4.5} - \frac{x^7}{1.2.3.4.5.6.7} + \text{etc.}$$

Comme le nombre n est devenu infini, il s'en suit que ces séries ne doivent point s'arrêter. Mais elles n'en sont pas moins propres à donner des valeurs très-approchées du sinus et du cosinus, surtout quand l'arc x est une petite fraction ; et ce cas est le seul dans lequel les géomètres en fassent usage (*).

132. Au premier coup d'œil il semble évident, ainsi que je l'ai admis, que toutes les puissances de $\cos \phi$ et $\dfrac{\sin \phi}{\phi}$ doivent donner l'unité, quand on fait décroître ϕ jusqu'à zéro. Mais en y regardant de plus près, on aperçoit une difficulté qu'il faut résoudre. Pour être mieux compris, je reprends les choses de plus loin.

Soit l'expression u^v dans laquelle u et v sont des variables tout-à-fait indépendantes l'une de l'autre. Si on prend pour v un nombre positif constant, et qu'on fasse augmenter u de o à 1, la quantité u^v augmentera elle-même depuis o jusqu'à 1. Si c'est u qui demeure constant, mais < 1, et qu'on donne à v de très-grandes valeurs, la quantité u^v sera très-petite, et sa limite, correspondante à $v = + \infty$, sera zéro. Or, maintenant, concevons que u croisse de o à 1 en même temps que v augmente jusqu'à $+ \infty$. Tant qu'il n'existe aucune relation entre u et v, on peut toujours imaginer entre ces variables une liaison telle que la limite de u^v, correspondante aux valeurs $u = 1$ et $v = + \infty$, soit ou o, ou 1, ou toute autre grandeur comprise entre o et 1 : c'est-à-dire qu'il y a alors une véritable indétermination.

Mais il en est autrement lorsque les variables u et v ne sont point indépendantes. Imaginons, par exemple, qu'elles soient des fonctions d'une variable t, et que ce soit la variation de t qui fasse croître u jusqu'à 1, et v jusqu'à $+ \infty$. Il faut alors examiner comment se balance l'augmentation que tend à produire, dans l'expression uv, l'accroissement de u, avec la diminution que tend à produire l'accroissement

---

(*) Ces deux séries sont de la nature de celles qu'on nomme *convergentes*. Pour passer d'un terme au suivant, on multiplie constamment ce terme par x^2, tandis qu'on le divise par deux nombres entiers qui vont toujours en augmentant (je fais en ce moment abstraction du signe) : on est donc assuré qu'il y aura dans chaque suite un terme à partir duquel tous les autres seront indéfiniment décroissans. D'un autre côté, les termes étant alternativement positifs et négatifs, il est facile de voir qu'en arrêtant les séries à l'un quelconque des termes décroissans, l'erreur que l'on commettra sera moindre que le terme suivant ; par conséquent cette erreur peut être rendue aussi petite qu'on voudra. De plus amples détails sur ce sujet appartiennent à l'algèbre.

de v : ou au moins faut-il reconnaître, d'après la composition de u et v en fonction de t, vers qu'elle limite tend l'expression u^v. C'est précisément une difficulté de ce genre qui se présente dans le passage des formules [1] et [2] aux séries [3] et [4].

Ici les deux variables sont φ et n ; elles sont liées entre elles par la relation $n\varphi = x$, laquelle exige que le produit $n\varphi$ reste constamment égal à un arc donné x, qui peut être quelconque. Or, les formules [1] et [2] contiennent les expressions $(\cos \varphi)^n$, $(\cos \varphi)^{n-1}, \ldots$ dans lesquelles on doit faire en même temps $\varphi = 0$ et $n = +\infty$; donc il n'est pas évident que les limites de ces expressions soient l'unité. D'un autre côté, les mêmes séries contiennent aussi les puissances croissantes du rapport de $\sin \varphi$ à φ, et lorsque n est infini, les séries ont une infinité de termes ; par conséquent les exposans de ce rapport dans les termes des deux séries peuvent augmenter jusqu'à l'infini, et la même difficulté se reproduit encore. Les explications suivantes me paraissent à l'abri de toute objection.

Revenons aux formules [1] et [2], et, pour abréger, posons

$$F = (\cos \varphi)^{n-m} \left(\frac{\sin \varphi}{\varphi} \right)^m ;$$

le terme général de chacune de ces formules pourra s'écrire ainsi :

$$\pm \frac{x}{1} \left(\frac{x}{2} - \frac{\varphi}{2} \right) \left(\frac{x}{3} - \frac{2\varphi}{3} \right) \cdots \left(\frac{x}{m} - \frac{(m-1)\varphi}{m} \right) F,$$

m étant un nombre pair pour la formule [1], et un nombre impair pour la formule [2]. Faisons $\varphi = 0$, et nommons M ce que devient alors F : ce terme général deviendra

[5]
$$\pm \frac{M x^m}{1.2.3 \ldots .m}.$$

Ainsi c'est M qu'il faut déterminer. Or, en supposant φ moindre que le quadrant, ce qui est permis puisqu'on doit faire $\varphi = 0$, on a $\varphi < \operatorname{tang} \varphi$, et par conséquent

$$F > (\cos \varphi)^{n-m} \left(\frac{\sin \varphi}{\operatorname{tang} \varphi} \right)^m,$$

ou, en réduisant,
$$F > (\cos \varphi)^n.$$

Mais $\cos \varphi = \sqrt{1 - \sin^2 \varphi}$; donc $\cos \varphi > \sqrt{1 - \varphi^2}$, et par suite
$$F > \sqrt{(1 - \varphi^2)^{2n}}.$$

En développant la puissance $2n$, et en se rappelant que $n\varphi = x$, on trouve

$$(1 - \varphi^2)^{2n} = 1 - \frac{2n}{1}\varphi^2 + \frac{2n(2n\text{-}1)}{1 \cdot 2}\varphi^4 - \frac{2n(2n\text{-}1)(2n\text{-}2)}{1 \cdot 2 \cdot 3}\varphi^6 + \text{etc.}$$

$$= 1 - \frac{2x}{1}\varphi + \frac{2x}{1}\left(\frac{2x}{2} - \frac{\varphi}{2}\right)\varphi^2 - \frac{2x}{1}\left(\frac{2x}{2} - \frac{\varphi}{2}\right)\left(\frac{2x}{3} - \frac{2\varphi}{3}\right)\varphi^3 + \text{etc.}$$

Pour arriver à l'hypothèse $\varphi = 0$, on peut commencer par supposer φ extrêmement petit. Alors il est clair que les termes de cette suite iront en décroissant; et comme ils sont alternativement positifs et négatifs, si on se borne aux deux premiers, on aura un résultat trop faible; donc $(1 - \varphi^2)^{2n} > 1 - 2\varphi x$, et à *fortiori*

$$\mathrm{F} > \sqrt{1 - 2\varphi x}.$$

Quand on fait $\varphi = 0$, ce radical se réduit à 1, et F devient la limite M; donc M ne peut pas être < 1. D'ailleurs, la fonction F étant le produit de deux facteurs qui ne peuvent pas être > 1, la limite M ne peut pas non plus devenir > 1; donc $\mathrm{M} = 1$. Donc enfin le terme général [5], des séries qui expriment $\cos x$ et $\sin x$, sera

$$\pm \frac{x^m}{1 \cdot 2 \cdot 3 \ldots m}.$$

En faisant $m = 0, 2, 4 \ldots$ ou bien $m = 1, 3, 5 \ldots$, et ayant soin d'alterner les signes, on obtient tous les termes des séries [3] et [4], lesquelles se trouvent ainsi rigoureusement démontrées.

Résolution des équations binomes par les tables. Théorème de côtes.

133. Soit une équation binome $y^n = \pm \mathrm{A}$: si on nomme a l'une quelconque des racines *nèmes* de A, et qu'on fasse $y = ax$, l'équation binome devient $x^n = \pm 1$.

Considérons d'abord le premier cas

[1] $x^n = +1.$

En posant

$$x = \cos \varphi + \sqrt{-1} \sin \varphi,$$

7

la formule de MOIVRE donne $x^n = \cos n\varphi + \sqrt{-1}\,\sin n\phi$; par conséquent toutes les valeurs de φ déterminées par l'égalité

$$\cos n\varphi + \sqrt{-1}\,\sin n\varphi = +\,1,$$

donneront des valeurs de x qui seront racines de l'équation [1]. Dans l'usage qu'on fait ici de la formule de MOIVRE, il suffit qu'elle ait été démontrée pour les exposans entiers positifs.

Pour satisfaire à cette dernière égalité, il faut que la partie imaginaire $\sqrt{-1}\,\sin n\phi$ s'évanouisse, d'où l'on conclut que $n\phi$ doit être un multiple de la demi-circonférence. Ensuite il faut qu'on ait $\cos n\phi = 1$, et cela exige que $n\phi$ soit un multiple pair de la demi-circonférence ; donc, en désignant par H la demi-circonférence, et par $2k$ un nombre pair quelconque, on devra avoir

$$n\varphi = 2k\mathrm{H}, \quad \text{d'où} \quad \varphi = \frac{2k\mathrm{H}}{n},$$

et par suite

$$x = \cos\frac{2k\mathrm{H}}{n} + \sqrt{-1}\,\sin\frac{2k\mathrm{H}}{n}.$$

En mettant partout $-$ devant $\sqrt{-1}$ le raisonnement eût été le même : ainsi on aura des racines de l'équation $x^n = 1$, en prenant toutes les valeurs de x comprises dans l'expression

$$[\alpha] \qquad x = \cos\frac{2k\mathrm{H}}{n} \pm \sqrt{-1}\,\sin\frac{2k\mathrm{H}}{n}.$$

L'équation [1] a n racines, et l'on sait que toutes ces racines sont inégales. Or, dans la formule ci-dessus, on peut donner à k toutes les valeurs entières possibles, positives et négatives ; et je vais montrer que de cette manière on obtient n valeurs différentes pour x, et qu'on n'en obtient pas davantage : ces n valeurs seront donc les n racines de l'équation [1].

D'abord il est inutile de donner à k des valeurs négatives : car, en mettant $-k$ au lieu de k, les deux valeurs de la formule $[\alpha]$ ne font que se changer l'une dans l'autre.

En second lieu, il est inutile aussi de prendre $k = n$ ou $> n$, car on peut ôter de k le plus grand multiple de n qui y soit contenu : cela revient à retrancher de l'arc $\dfrac{2k\,\mathrm{H}}{n}$ une ou plusieurs circonférences, ce qui ne change ni le cosinus ni le sinus.

Enfin, si on considère, entre o et n, des nombres k' et $n - k'$ également éloignés de ces deux extrêmes, les valeurs correspondantes de x seront les mêmes. En effet, soit $k = n - k'$, il vient

$$x = \cos \frac{2(n-k')\,\mathrm{H}}{n} \pm \sqrt{-1} \sin \frac{2(n-k')\mathrm{H}}{n}$$

$$= \cos \frac{-2k'\,\mathrm{H}}{n} \pm \sqrt{-1} \sin \frac{-2k'\mathrm{H}}{n}$$

$$= \cos \frac{2k'\mathrm{H}}{n} \mp \sqrt{-1} \sin \frac{2k'\mathrm{H}}{n};$$

ces valeurs sont les mêmes que celles qui répondent à $k = k'$, ainsi il est inutile de donner à k des valeurs $> \frac{1}{2}n$. Donc, soit qu'on suppose n égal à un nombre pair $2p$ ou à un nombre impair $2p + 1$, on pourra se borner à prendre pour k les valeurs $k = 0, 1, 2, \ldots p$.

Il reste à prouver que de cette manière la formule [α] donne toutes les racines que comporte l'équation [1] : c'est ce qu'on va faire.

Si l'équation est de la forme $x^{2p} = 1$, la formule [α] devient

$$x = \cos \frac{k\mathrm{H}}{p} \pm \sqrt{-1} \sin \frac{k\mathrm{H}}{p}.$$

Pour les nombres extrêmes $k = 0$ et $k = p$, on trouve $x = +1$ et $x = -1$. Pour les nombres intermédiaires $1, 2, 3, \ldots p - 1$, l'arc est compris entre o et 180°; donc le sinus qui multiplie $\sqrt{-1}$ ne devient pas nul; donc les valeurs de x sont imaginaires. De plus, parmi ces dernières, il n'y en a aucune qui se répète : car, dans les deux racines conjuguées qui font partie d'un même couple, c'est-à-dire, qui résultent d'une même valeur de k, l'imaginaire $\sqrt{-1}$ a des signes contraires; et, dans les couples provenant de valeurs différentes de k, les parties réelles sont différentes, attendu qu'elles sont les cosinus d'arcs qui vont en croissant de o à 180°. En réunissant à ces valeurs imaginaires, dont le nombre est $2p - 2$, les deux valeurs réelles $+1$ et -1, on a en tout $2p$ racines pour l'équation $x^{2p} = 1$, ainsi que cela doit être.

Si l'équation [1] a la forme $x^{2p+1} = 1$, la formule [α] devient

$$x = \cos \frac{2k\mathrm{H}}{2p+1} \pm \sqrt{-1} \sin \frac{2k\mathrm{H}}{2p+1}.$$

Dans ce cas, il n'y aura qu'une seule racine réelle $x = +1$, laquelle répond à $k = 0$, toutes les autres sont imaginaires; et d'ailleurs il est clair que le nombre total des racines est égal à l'exposant $2p + 1$.

Maintenant considérons l'équation

[2]
$$x^n = -1.$$

Si on pose

$$x = \cos \varphi \pm \sqrt{-1} \sin \varphi,$$

on aura $x^n = \cos n\varphi \pm \sqrt{-1} \sin n\varphi$. Ainsi on obtiendra pour x des racines de l'équation, en déterminant φ par la condition

$$\cos n\varphi \pm \sqrt{-1} \sin n\varphi = -1 :$$

donc on doit avoir séparément $\sin n\varphi = 0$ et $\cos n\varphi = -1$. De là on conclut que l'arc $n\varphi$ doit être un multiple impair de H. C'est pourquoi je fais

$$n\varphi = (2k+1)\text{H}, \quad \text{d'où} \quad \varphi = \frac{(2k+1)\text{H}}{n};$$

et on aura

[β]
$$x = \cos \frac{(2k+1)\text{H}}{n} \pm \sqrt{-1} \sin \frac{(2k+1)\text{H}}{n}.$$

On ne prendra point de multiples négatifs de H, car il en résulterait les mêmes valeurs de x que si ces multiples étaient positifs. On ne prendra point non plus $k > n$, ni même $k = n$: car en ôtant de k le plus grand multiple de n qu'il renferme, on diminue l'arc $\frac{(2k+1)\text{H}}{n}$ d'une ou plusieurs circonférences entières, ce qui ne change pas les valeurs [β]. Le nombre $k = n - 1$ donne

$$x = \cos \frac{(2n-1)\text{H}}{n} \pm \sqrt{-1} \sin \frac{(2n-1)\text{H}}{n}.$$
$$= \cos \frac{-\text{H}}{n} \pm \sqrt{-1} \sin \frac{-\text{H}}{n} = \cos \frac{\text{H}}{n} \mp \sqrt{-1} \sin \frac{\text{H}}{n}.$$

Ces valeurs sont les mêmes qu'on obtient par l'hypothèse $k = 0$; et, en général, les valeurs de k également éloignées de 0 et de $n-1$ donnent les mêmes valeurs de x. En effet, si on pose $k = n - 1 - k'$, il vient

$$x = \cos \frac{(2n-2k'-1)\text{H}}{n} \pm \sqrt{-1} \sin \frac{(2n-2k'-1)\text{H}}{n}$$
$$= \cos \frac{(2k'+1)\text{H}}{n} \mp \sqrt{-1} \sin \frac{(2k'+1)\text{H}}{n},$$

résultat qui est le même que si on eût fait $k = k'$. De là il suit qu'on obtient toutes les valeurs de x en donnant à k des valeurs qui ne surpassent pas $\frac{1}{2}(n-1)$. Donc si n est un nombre pair $2p$, il faudra faire $k = 0, 1, 2, \ldots p-1$; et si n est un nombre impair $2p+1$, on fera $k = 0, 1, 2, \ldots p$.

Dans le cas où $n = 2p$, l'équation à résoudre est $x^{2p} = -1$, et les nombres $k = 0, 1, 2, \ldots p-1$ donnent dans la formule $[\beta]$ les arcs croissans

$$\frac{H}{2p}, \quad \frac{3H}{2p}, \quad \frac{5H}{2p}, \ldots \quad \frac{(2p-1)H}{2p},$$

lesquels sont tous renfermés entre o et H; par conséquent le sinus d'aucun d'eux n'est égal à zéro; et leurs cosinus sont tous inégaux. Chaque arc donnera donc deux valeurs imaginaires de x, qui différeront l'une de l'autre par le signe de $\sqrt{-1}$, et qui ne pourront point se répéter. Ainsi x aura $2p$ valeurs différentes.

Dans le cas où $n = 2p+1$, l'équation est $x^{2p+1} = -1$, et les nombres $k = 0, 1, 2, \ldots p$, amèneront dans la formule $[\beta]$ les arcs

$$\frac{H}{2p+1}, \quad \frac{3H}{2p+1}, \ldots \quad \frac{(2p+1)H}{2p+1} \text{ ou } H.$$

Le dernier étant égal à H donne $x = -1$. Pour chacun des autres, x a deux valeurs imaginaires; et il est facile de voir que, parmi toutes ces valeurs, il n'y en a aucune qui se répète. Donc x aura $2p+1$ valeurs.

134. Quand on connaît les racines des équations $x^n = +1$ et $x^n = -1$, il est facile de former les diviseurs réels du 2ᵉ degré des binomes $x^n - 1$ et $x^n + 1$.

D'abord la formule $[\alpha]$ donne pour facteurs du 1ᵉʳ degré du binome $x^n - 1$, les deux expressions

$$x - \cos\frac{2kH}{n} - \sqrt{-1}\sin\frac{2kH}{n}, \quad x - \cos\frac{2kH}{n} + \sqrt{-1}\sin\frac{2kH}{n};$$

et, en les multipliant entre elles, il vient

$$[\alpha'] \qquad x^2 - 2x\cos\frac{2kH}{n} + 1.$$

Cette formule renferme tous les diviseurs réels du 2ᵉ degré du binome $x^n - 1$: pour les en déduire, il suffit d'y mettre au lieu de k les nombres positifs à partir de o jusqu'à $\frac{1}{2}n$.

On trouve semblablement, pour les diviseurs du 2e degré du binome $x^n + 1$, la formule

$$[\beta'] \qquad\qquad x^2 - 2x \cos \frac{(2k+1)H}{n} + 1,$$

dans laquelle il faudra remplacer k par es nombres entiers positifs, a partir de $k = 0$ jusqu'au nombre $\frac{1}{2}(n-1)$.

• Comme les formules $[\alpha]$ et $[\beta]$ comprennent les racines réelles des équations $x^n = 1$ et $x^n = -1$, il s'ensuit que les deux dernières formules doivent aussi comprendre les facteurs réels du 1er degré des binomes $x^n - 1$ et $x^n + 1$: mais ces facteurs s'y présentent élevés au carré. Par exemple, si on suppose $k = 0$ dans la formule $[\alpha']$, elle devient $x^2 - 2x + 1$ ou $(x-1)^2$; mais on ne prendra que $x - 1$.

135. THÉORÈME DE CÔTES. Pour établir ce théorème, je remarquerai que si on donne à k, dans la formule $[\alpha']$, toutes les valeurs $k = 0, 1, 2, \ldots$ jusqu'à $n - 1$, et qu'on multiplie entre eux tous les trinomes qui résultent de ces valeurs, on aura un produit dans lequel tous les facteurs de $x^n - 1$ seront élevés au carré, de sorte que ce produit sera égal à $(x^n - 1)^2$. Pareillement, si on donne à k, dans la formule $[\beta']$, toutes les valeurs $k = 0, 1, 2, \ldots$ jusqu'à $n - 1$, le produit de tous les trinomes résultans sera égal à $(x^n + 1)^2$.

Cela posé, divisez une circonférence quelconque en $2n$ parties égales, et désignez les points de division par les n°s $0, 1, 2, 3$, etc; menez à la division o, prise pour origine, un rayon que vous prolongerez au-delà de cette division, si cela est nécessaire ; sur ce rayon, du côté de la division o, marquez un point à une distance quelconque x du centre ; puis, de ce point, tirez des droites à toutes les divisions de la circonférence.

Alors prenez le rayon du cercle pour unité, nommez u une quelconque de ces droites, et considérez le triangle qu'elle forme avec celles qui joignent ses deux extrémités au centre. Si elle aboutit à une division de rang pair désigné par $2k$, l'arc compris entre cette division et l'origine o sera $\frac{2H}{2n} \times 2k$ ou $\frac{2kH}{n}$; et il est facile de voir, par le triangle, qu'on aura

$$u^2 = x^2 - 2x \cos \frac{2kH}{n} + 1.$$

Mais si la droite u aboutit à une division impaire dont l'ordre soit marqué par $2k + 1$, on aura

$$u^2 = x^2 - 2x \cos \frac{(2k+1) H}{n} + 1.$$

En mettant dans ces trinomes successivement, au lieu de k, tous les nombres $0, 1, 2, \ldots n - 1$, le premier donnera les carrés des droites qui aboutissent aux divisions paires; et le second, les carrés des droites qui aboutissent aux divisions impaires. Or, ces trinomes étant les mêmes que $[\alpha']$ et $[\beta']$, on peut conclure, d'après ce qui a été remarqué plus haut, le théorème suivant, découvert par CÔTES : *le produit de toutes les droites menées aux divisions paires de la circonférence est égal à la différence $x^n - 1$, et le produit de toutes celles qui sont menées aux divisions impaires est égal à la somme $x^n + 1$.*

Résolution des équations du 3e degré par les tables.

136. L'équation du 3e degré se ramène à la forme

$$x^3 + 3px + 2q = 0,$$

et l'on démontre en algèbre que les trois valeurs de x sont renfermées dans la formule

$$x = \sqrt[3]{-q + \sqrt{q^2 + p^3}} + \sqrt[3]{-q - \sqrt{q^2 + p^3}}.$$

Mais, comme les valeurs multiples des radicaux cubiques feraient prendre neuf valeurs à cette expression, il faut en outre se rappeler qu'en désignant le premier radical cubique par a, et le second par b, on ne devra associer que les valeurs de a et de b pour lesquelles on a $ab = -p$. Par conséquent, on écartera toutes les valeurs étrangères en posant

$$a = \sqrt[3]{-q + \sqrt{q^2 + p^3}}, \quad \text{et} \quad x = a - \frac{p}{a}.$$

137. Lorsque $q^2 + p^3$ est une quantité négative, les valeurs générales de x sont compliquées d'imaginaires; et comme, d'un autre côté, on démontre en algèbre que, dans l'hypothèse $q^2 + p^3 < 0$, les trois racines de l'équation sont réelles, il semble que le calcul doive

fournir des moyens pour opérer la réduction des imaginaires. Cependant il n'en est pas ainsi, à moins qu'on n'emploie des séries infinies; et cette difficulté, qui a beaucoup exercé les analystes, a fait donner le nom d'*irréductible* au cas dont il s'agit.

La difficulté vient de ce que les deux racines cubiques qui entrent dans l'expression générale de x, ne peuvent pas, si ce n'est dans des cas particuliers, s'extraire de manière que la partie réelle soit isolée de la partie imaginaire. Or, par la formule de MOIVRE, cette séparation s'obtient sur-le-champ dans les expressions de la forme

$$\sqrt[n]{\cos\phi + \sqrt{-1}\sin\phi}$$: c'est pourquoi je vais ramener les deux radicaux cubiques à cette forme.

Puisqu'on a $q^2 + p^3 < 0$, p doit être négatif. Je mettrai donc $-p$ au lieu de p, et l'équation s'écrira ainsi

[1] $$x^3 - 3px + 2q = 0.$$

Alors on aura $q^2 - p^3 < 0$ ou $q^2 < p^3$, les valeurs de a seront données par la formule

$$a = \sqrt[3]{-q + \sqrt{q^2 - p^3}},$$

et celles de x par la formule

$$x = a + \frac{p}{a} = \sqrt{p}\left(\frac{a}{\sqrt{p}} + \frac{\sqrt{p}}{a}\right),$$

dans laquelle il faudra mettre les différentes valeurs de a.

Cela posé, l'expression générale de a donne

$$\frac{a}{\sqrt{p}} = \sqrt[3]{-\frac{q}{\sqrt{p^3}} + \sqrt{1 - \frac{q^2}{p^3}}\sqrt{-1}};$$

et puisqu'on suppose $q^2 < p^3$, on peut déterminer un arc ϕ au moyen de l'équation

$$\cos\phi = \frac{-q}{\sqrt{p^3}}.$$

Il existe une infinité d'arcs qui répondent à un cosinus donné; mais nous conviendrons ici de prendre celui qui est $< 180°$.

Par la formule de MOIVRE, on a évidemment

[2] $$(\cos\tfrac{1}{3}\phi + \sqrt{-1}\sin\tfrac{1}{3}\phi)^3 = \cos\phi + \sqrt{-1}\sin\phi.$$

Donc aussi, réciproquement, $\sqrt[3]{\cos\phi+\sqrt{-1}\,\sin\phi} = \cos\frac{1}{3}\phi + \sqrt{-1}\,\sin\frac{1}{3}\phi$; et par suite il viendra

$$\frac{a}{\sqrt{p}} = \sqrt[3]{\cos\phi+\sqrt{-1}\,\sin\phi} = \cos\frac{1}{3}\phi + \sqrt{-1}\,\sin\frac{1}{3}\phi,$$

$$\frac{\sqrt{p}}{a} = \frac{1}{\cos\frac{1}{3}\phi + \sqrt{-1}\,\sin\frac{1}{3}\phi} = \cos\frac{1}{3}\phi - \sqrt{-1}\,\sin\frac{1}{3}\phi,$$

$$\frac{a}{\sqrt{p}} + \frac{\sqrt{p}}{a} = 2\cos\frac{1}{3}\phi.$$

Remarquons que le second membre de la formule [2] ne change pas lorsque dans cette formule on ajoute à ϕ autant de circonférences qu'on veut. De là il suit qu'en désignant 180° par H, et par k un nombre entier quelconque, on pourra prendre pour x toutes les valeurs comprises dans la formule

$$x = 2\sqrt{p}\,\cos\frac{1}{3}(\phi + 2kH).$$

Cependant il ne faut pas croire qu'il en résulte pour x plus de trois valeurs ; car, après avoir fait $k = 0$, 1, 2, toutes les autres substitutions ramèneront aux mêmes résultats, et l'on n'aura pas d'autres valeurs que celles-ci :

$$x = 2\sqrt{p}\,\cos\frac{1}{3}\phi,$$

$$x = 2\sqrt{p}\,\cos\frac{1}{3}(\phi + 2H),$$

$$x = 2\sqrt{p}\,\cos\frac{1}{3}(\phi + 4H).$$

138. C'est principalement pour vaincre la difficulté propre au cas irréductible qu'on a recours aux lignes trigonométriques ; mais on peut aussi les employer dans les autres cas. Continuons de prendre p négatif, et en conséquence considérons encore l'équation

[3]
$$x^3 - 3px + 2q = 0,$$

mais supposons $q^2 > p^3$. Les transformations du numéro précédent sont alors impossibles, car $\cos\phi$, abstraction faite de son signe, serait > 1. Voici comment ce cas doit être traité.

On a toujours

$$x = \sqrt{p}\left(\frac{a}{\sqrt{p}} + \frac{\sqrt{p}}{a}\right).$$

Mais actuellement on mettra $\frac{a}{\sqrt{p}}$ sous la forme

$$\frac{a}{\sqrt{p}} = \sqrt[3]{-\frac{q}{\sqrt{p^3}} + \sqrt{\frac{q^2}{p^3} - 1}},$$

on déterminera l'arc φ par l'équation

$$\sin 2\phi = -\frac{\sqrt{p^3}}{q};$$

et alors on aura

$$\frac{a}{\sqrt{p}} = \sqrt[3]{\frac{1}{\sin 2\phi} + \sqrt{\frac{1}{\sin^2 2\phi} - 1}} = \sqrt[3]{\frac{1-\cos 2\phi}{\sin 2\phi}}.$$

En extrayant la racine cubique on peut prendre indifféremment $-\cos 2\varphi$ ou $+\cos 2\phi$: on en verra la raison tout à l'heure.

Remplaçons $1-\cos 2\varphi$ par $2\sin^2\varphi$ et $\sin 2\varphi$ par $2\varphi \sin \cos\varphi$, puis réduisons ; il vient

$$\frac{a}{\sqrt{p}} = \sqrt[3]{\frac{2\sin^2\varphi}{2\sin\varphi\cos\varphi}} = \sqrt[3]{\tan \varphi}.$$

Posons encore

$$\tan \psi = \sqrt[3]{\tan \varphi},$$

et calculons l'arc ψ par cette formule. Si on représente par θ et θ^2 les deux racines cubiques imaginaires de l'unité, lesquells sont, comme on sait, le carré l'une de l'autre, les trois valeurs de $\frac{a}{\sqrt{p}}$ seront

$$\frac{a}{\sqrt{p}} = \tan \psi, \quad \frac{a}{\sqrt{p}} = \theta \tan \psi, \quad \frac{a}{\sqrt{p}} = \theta^2 \tan \psi.$$

En substituant ces valeurs dans x, et en observant que $\tan\psi \cot\psi = 1$ et que $\theta^3 = 1$, il vient

$$x = \sqrt{p}(\tan\psi + \cot\psi),$$
$$x = \sqrt{p}(\theta\tan\psi + \theta^2\cot\psi),$$
$$x = \sqrt{p}(\theta^2\tan\psi + \theta\cot\psi).$$

Si on eût mis dans le calcul $+\cos 2\varphi$ au lieu de $-\cos 2\varphi$, $\tan\psi$ serait devenue $\cot\psi$, et *vice versâ*, mais il n'en serait résulté aucune nouvelle valeur pour x.

A présent remplaçons θ et θ^2 par leurs valeurs, et isolons dans chaque valeur de x la partie réelle de la partie imaginaire. Par l'algèbre, on a $\theta = \frac{1}{2}(-1 + \sqrt{-3})$, $\theta^2 = \frac{1}{2}(-1 - \sqrt{-3})$; si en outre on observe que $\cot\psi + \mathrm{tang}\,\psi = 2\,\mathrm{coséc}\,2\psi$, et que $\cot\psi - \mathrm{tang}\,\psi = 2\cot 2\psi$, il viendra, après toutes réductions faites,

$$x = 2\sqrt{p}\;\mathrm{coséc}\,2\psi,$$
$$x = -\sqrt{p}\,(\mathrm{coséc}\,2\psi + \sqrt{-3}\cot 2\psi),$$
$$x = -\sqrt{p}\,(\mathrm{coséc}\,2\psi - \sqrt{-3}\cot 2\psi).$$

139. Le cas où p est positif doit aussi être considéré. Reprenons l'équation du 3e degré telle qu'elle était d'abord,

[4]
$$x^3 + 3px + 2q = 0.$$

Alors, à cause de $ab = -p$, on a

$$x = a - \frac{p}{a} = \sqrt{p}\left(\frac{a}{\sqrt{p}} - \frac{\sqrt{p}}{a}\right);$$

et d'ailleurs

$$\frac{a}{\sqrt{p}} = \sqrt[3]{\frac{-q}{\sqrt{p^3}} + \sqrt{\frac{q^2}{p^3} + 1}}.$$

La tangente et la cotangente peuvent passer par tous les états de grandeur; et comme le terme $\dfrac{-q}{\sqrt{p^3}}$ peut avoir une grandeur quelconque, je le remplacerai par une de ces lignes. Soit posé

$$\cot 2\phi = \frac{-q}{\sqrt{p^3}}:$$

il viendra

$$\frac{a}{\sqrt{p}} = \sqrt[3]{\cot 2\varphi + \sqrt{\cot^2 2\varphi + 1}} = \sqrt[3]{\frac{1 + \cos 2\varphi}{\sin 2\varphi}}$$

$$= \sqrt[3]{\frac{2\cos^2\varphi}{2\sin\varphi\cos\varphi}} = \sqrt[3]{\cot\varphi}.$$

Soit encore posé

$$\cot\psi = \sqrt[3]{\cot\varphi}:$$

les angles φ et ψ seront faciles à connaître par les tables, et l'on aura ces trois valeurs

$$\frac{a}{\sqrt{p}} = \cot\psi, \quad \frac{a}{\sqrt{p}} = \theta\cot\psi, \quad \frac{a}{\sqrt{p}} = \theta^2\cot\psi ;$$

par conséquent, celles de x seront, toutes réductions faites,

$$x = 2\sqrt{p}\cot 2\psi,$$
$$x = -\sqrt{p}\,(\cot 2\psi - \sqrt{-3}\,\mathrm{coséc}\,2\psi),$$
$$x = -\sqrt{p}\,(\cot 2\psi + \sqrt{-3}\,\mathrm{coséc}\,2\psi).$$

Autre moyen de résoudre le 3ᵉ degré par la trigonométrie.

140. Quand on connaît une ligne trigonométrique correspondante à un arc quelconque, si on demande une ligne correspondante à un arc qui soit la moitié, le tiers, etc., du premier arc, on arrive à des équations dont la comparaison avec certaines équations données peut servir à trouver directement les racines de ces dernières. C'est ce qu'on va voir pour l'équation du 3ᵉ degré.

Reprenons l'équation sans second terme

[1] $$x^3 + 3px + 2q = 0.$$

Soit φ un arc quelconque, si on regarde $\cos\varphi$ comme donné et qu'on fasse $\cos\frac{1}{3}\varphi = z$, on a trouvé (33), pour déterminer z, l'équation

[2] $$z^3 - \tfrac{3}{4}z - \tfrac{1}{4}\cos\varphi = 0 ;$$

et, si on suppose que φ soit l'arc positif moindre que H correspondant au cosinus donné, il est démontré que les trois racines de l'équation [2] sont

[3] $$z = \cos\tfrac{1}{3}\varphi, \quad z = \cos\tfrac{1}{3}(2\mathrm{H} + \varphi), \quad z = \cos\tfrac{1}{3}(2\mathrm{H} - \varphi).$$

Pour rendre l'éq. [2] identique avec [1], il faut poser deux conditions : il faudrait donc qu'il y eût deux indéterminées dans l'éq. [2], et il n'y en a qu'une seule φ. On en introduira une seconde ρ en faisant $x = \rho z$, d'où $z = \dfrac{x}{\rho}$. Par cette transformation, l'éq. [2] devient

[4]   . $$x^3 - \tfrac{3}{4}\rho^2 x - \tfrac{1}{4}\rho^3\cos\varphi = 0 ;$$

et en multipliant par ρ les valeurs [3], on aurait les racines de cette dernière équation.

On la rendra identique avec l'équation [1], en posant $-\frac{3}{4}\rho^2=3p$, $-\frac{1}{4}\rho^3\cos\phi=2q$, d'où

$$\rho=2\sqrt{-p}, \qquad \cos\phi=\frac{q}{p\sqrt{-p}}.$$

Pour que l'arc ϕ soit réel, il faut d'abord que $\cos\phi$ le soit, ce qui exige que p soit négatif dans l'équation [1]. En conséquence, j'y change p en $-p$, par-là elle devient

[5] $x^3-3px+2q=0$;

et les valeurs de ρ et $\cos\phi$ sont

$$\rho=2\sqrt{p}, \qquad \cos\phi=\frac{-q}{\sqrt{p^3}}.$$

Mais, pour que ϕ soit réel, il faut de plus que $\cos\phi$, abstraction faite du signe, soit <1 : c'est-à-dire qu'on doit avoir $q^2<p^3$ ou $q^2-p^3<0$. Alors on pourra calculer ϕ par les tables, et en multipliant les valeurs [3] par ρ ou $2\sqrt{p}$, on aura les racines de l'équation [5], savoir :

$$x=2\sqrt{p}\cos\tfrac{1}{3}\phi$$
$$x=2\sqrt{p}\cos\tfrac{1}{3}(2\mathrm{H}+\phi),$$
$$x=2\sqrt{p}\cos\tfrac{1}{3}(2\mathrm{H}-\phi),$$

lesquelles sont elles-mêmes faciles à calculer par les tables. On ramènera sans peine celles du n° 137 à celles-ci.

On a supposé tacitement que la valeur $\rho=2\sqrt{p}$ était positive. On peut aussi prendre la valeur négative $\rho=-2\sqrt{p}$. Alors, au lieu de $\cos\phi=\dfrac{-q}{\sqrt{p^3}}$, on aurait $\cos\phi=\dfrac{q}{\sqrt{p^3}}$; donc il faudrait, dans les valeurs précédentes, changer $\sqrt{p}$ en $-\sqrt{p}$, et ϕ en $\mathrm{H}-\phi$. Mais comme une équation du 3e degré n'a que trois racines, on n'aura point de nouvelle valeur pour x, et c'est d'ailleurs ce qu'il sera aisé de vérifier.

Lorsqu'on suppose p négatif et $q^2<p^3$, l'éq. [1] tombe dans le cas irréductible : ainsi ce cas est résolu par ce qui précède.

141. Continuons de prendre p négatif, mais supposons qu'on ait $q^2-p^3>0$, le signe $>$ n'excluant pas l'égalité.

Dans cette hypothèse, les valeurs de x trouvées plus haut ne sont imaginaires que parce que la condition qui détermine ϕ exige qu'on ait $\cos\varphi > 1$; il est donc naturel de chercher pour x une **valeur** $> 2\sqrt{p}$, et pour cela je poserai $x = 2\sqrt{p}\,\operatorname{coséc}\psi$, ou mieux, afin d'éviter les fractions, $x = 2\sqrt{p}\,\operatorname{coséc}2\psi$. Il faut donc composer *à priori* une équation du 3e degré qui admette une racine réelle de cette forme, dont les deux autres racines soient imaginaires, et qui puisse facilement se résoudre par les tables.

Sans rien supposer sur le multiplicateur de $\operatorname{coséc}2\psi$, posons $x = 2\rho\,\operatorname{coséc}2\psi$, ρ et ψ étant deux indéterminées. Si on observe que

$$2\,\operatorname{coséc}2\psi = \frac{2}{\sin 2\psi} = \frac{\sin^2\psi + \cos^2\psi}{\sin\psi\cos\psi} = \operatorname{tang}\psi + \cot\psi,\ \text{on aura}$$

$$x = \rho\,(\operatorname{tang}\psi + \cot\psi).$$

Donc $x^3 = \rho^3\,(\operatorname{tang}^3\psi + \cot^3\psi) + 3\rho^3\,(\operatorname{tang}\psi + \cot\psi)$, ou bien, **en remettant x à la place de** $\rho\,(\operatorname{tang}\psi + \cot\psi)$, **et transposant,**

[6] $x^3 - 3\rho^2 x - \rho^3\,(\operatorname{tang}^3\psi + \cot^3\psi) = 0.$

Les deux racines cubiques imaginaires de l'unité étant θ et θ^2, il est facile de voir qu'on arrive à la même équation [6], en prenant l'une quelconque des trois valeurs

$$x = \rho\,(\operatorname{tang}\psi + \cot\psi),$$
$$x = \rho\,(\theta\operatorname{tang}\psi + \theta^2\cot\psi),$$
$$x = \rho\,(\theta^2\operatorname{tang}\psi + \theta\cot\psi);$$

par conséquent, ces valeurs sont les racines de l'équation [6].

Maintenant il faut rendre cette équation identique avec la proposée, $x^3 - 3px + 2q = 0$, ce qui donne

$$\rho = \sqrt{p} \quad \text{et} \quad \operatorname{tang}^3\psi + \cot^3\psi = -\frac{2q}{\sqrt{p^3}}.$$

Pour trouver ψ, posons

$$\operatorname{tang}\psi = \sqrt[3]{\operatorname{tang}\varphi} :$$

on aura $\operatorname{tang}\varphi = \operatorname{tang}^3\psi$, $\cot\varphi = \cot^3\psi$; et par suite

$$\operatorname{tang}\varphi + \cot\varphi = -\frac{2q}{\sqrt{p^3}}, \quad \frac{\sin\varphi}{\cos\varphi} + \frac{\cos\varphi}{\sin\varphi} = -\frac{2q}{\sqrt{p^3}},$$

$$\frac{\sin^2\varphi + \cos^2\varphi}{\sin\varphi\cos\varphi} = -\frac{2q}{\sqrt{p^3}} \quad \sin 2\varphi = -\frac{\sqrt{p^3}}{q}.$$

Ainsi les tables donneront φ; au moyen de φ, on aura ψ; puis enfin on aura les valeurs de x. En remplaçant ρ, θ, θ^2, par leurs valeurs, et effectuant les réductions, il vient, comme au n° 138,

$$x = 2\sqrt{\bar{p}}\ \text{coséc } 2\psi,$$
$$x = -\sqrt{p}\ (\text{coséc } 2\psi + \sqrt{-3}\ \text{cot } 2\psi),$$
$$x = -\sqrt{p}\ (\text{coséc } 2\psi - \sqrt{-3}\ \text{cot } 2\psi).$$

142. Ces formules ne conviennent qu'aux seuls cas de l'équation $x^3 + 3px + 2q = 0$, dans lesquels on a p négatif et $q^2 > p^3$: car autrement la valeur de sin 2φ serait ou imaginaire ou > 1. Il faut donc changer de moyen quand p est positif.

Alors soit fait $x = 2\rho\ \text{cot } 2\psi$; on aura aussi

$$x = 2\rho\left(\frac{\cos^2\psi - \sin^2\psi}{2\sin\psi\cos\psi}\right) = \rho\ (\text{cot }\psi - \text{tang }\psi),$$

et l'élévation au cube conduit, comme plus haut, à l'équation

[7] $\qquad x^3 + 3\rho^2 x - \rho^3\ (\text{cot}^3\psi - \text{tang}^3\psi) = 0,$

dont les trois racines sont

$$x = \rho\ (\text{cot }\psi - \text{tang }\psi),$$
$$x = \rho\ (\theta\ \text{cot }\psi - \theta^2\text{tang }\psi),$$
$$x = \rho\ (\theta^2\text{cot }\psi - \theta\ \text{tang }\psi).$$

Si on fait $\rho\sqrt{}= p$ et $\text{cot}^3\psi - \text{tang}^3\psi = \dfrac{-2q}{\sqrt{p^3}}$, elle devient identique avec la proposée. Pour déterminer ψ à l'aide des tables, on pose $\text{cot }\psi = \sqrt[3]{\text{cot }\phi}$; donc $\text{cot }\phi - \text{tang }\phi = \text{cot}^3\psi - \text{tang}^3\psi$, et par suite $\text{cot }\varphi - \text{tang }\varphi = \dfrac{-2q}{\sqrt{p^3}}$, ou $\text{cot } 2\varphi = \dfrac{-q}{\sqrt{p^3}}$. L'arc ϕ étant connu, on trouvera ψ, et ensuite les trois valeurs de x, savoir :

$$x = 2\sqrt{p}\ \text{cot } 2\psi,$$
$$x = -\sqrt{p}\ (\text{cot } 2\psi - \sqrt{-3}\ \text{coséc } 2\psi),$$
$$x = -\sqrt{p}\ (\text{cot } 2\psi + \sqrt{-3}\ \text{coséc } 2\psi).$$

Les transformations précédentes ne doivent point s'appliquer au cas où p est négatif, parce qu'alors $\text{cot } 2\varphi$ est imaginaire.

FIN.

TABLE DES MATIÈRES.

N. B. Ce qui est marqué d'une astérisque * n'est point exigé des candidats à
l'*École Polytechnique.*

FIN DE LA TABLE DES MATIÈRES.

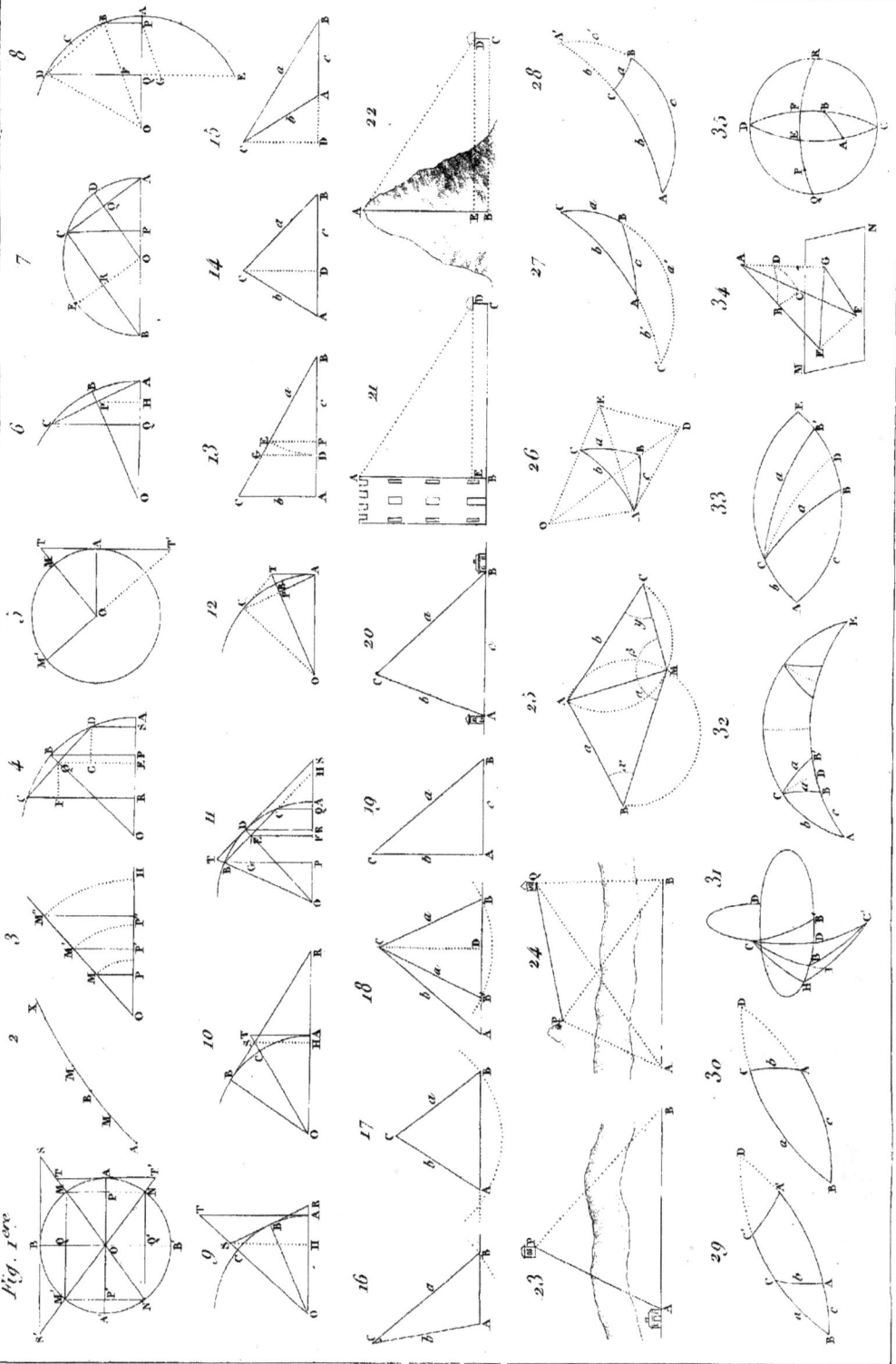

Fig. 1ère

www.ingramcontent.com/pod-product-compliance
Lightning Source LLC
Chambersburg PA
CBHW071217200326

41519CB00018B/5561